大圣陪你学AI

人工智能从入门到实验 下

徐菁 李轩涯 刘倩 计湘婷◎编著

覃祖军◎审

机械工业出版社
China Machine Press

图书在版编目（CIP）数据

大圣陪你学 AI：人工智能从入门到实验：上、下册 / 徐菁等编著 . 一北京：机械工业出版社，2020.7

ISBN 978-7-111-65991-4

I. 大… Ⅱ. 徐… Ⅲ. 人工智能 – 少儿读物 Ⅳ. TP18-49

中国版本图书馆 CIP 数据核字（2020）第 126523 号

大圣陪你学 AI：人工智能从入门到实验（下册）

出版发行：机械工业出版社（北京市西城区百万庄大街 22 号　邮政编码：100037）

责任编辑：赵亮宇　　　　　　　　　　　　　　责任校对：殷　虹

印　　刷：中国电影出版社印刷厂　　　　　　　版　　次：2020 年 9 月第 1 版第 1 次印刷

开　　本：186mm×240mm　1/16　　　　　　印　　张：9.25

书　　号：ISBN 978-7-111-65991-4　　　　　　定　　价：99.00 元（含上、下册）

客服电话：（010）88361066　88379833　68326294　　投稿热线：（010）88379604

华章网站：www.hzbook.com　　　　　　　　　读者信箱：hzit@hzbook.com

下 册 目 录

顺风灵耳判妖怪，八戒巧学辨警报

这天，师徒四人途经一座遮天蔽日的高山，悟空一个跟斗翻到天上，四周扫视一圈，回到原地，对唐僧说道："师父，我们到号山了"。唐僧疑惑道："号山？"悟空回答道："是的，师父，前方是枯松涧，崇山峻岭处最容易有妖怪，咱们抓紧赶路吧。"唐僧点点头。

突然，唐僧听到树林深处有小孩喊救命，而悟空却说这是妖怪的声音。唐僧执意要过去看看，悟空争不过，只好答应。他们走过去发现，真的有个小孩被绑在树上，唐僧说道："悟空，你看这哪里是妖怪，明明是个孩童。"

悟空着急地说道："他不是人，是妖怪变的，声音骗不过俺老孙。"

八戒说道："猴哥，这明明是个小孩，你非说他是妖怪，我看是你的火眼金睛出问题了吧。"说完哈哈大笑起来。

一向不爱说话的沙和尚也来凑热闹，说道："大师兄，我看这也是个普通的孩子呀。"

悟空很生气，拿出金箍棒，朝着那孩子准备打过去，喊道："妖怪！快现出原形。"

唐僧见状，立刻念起了紧箍咒，悟空顿时疼得在地上打滚。这时，那小孩突然变成了一个通红的火球，卷着唐僧就不见了，八戒和沙和尚都傻了眼。

 **来自八戒的求助，什么妖怪在叫**

　　唐僧被妖怪抓走后，八戒和沙和尚都懊恼不已，后悔没有听大师兄的话。可是现在后悔也晚了，师兄弟三人开始思考该如何救出师父。悟空说道："沙师弟去请观音菩萨，我和八戒先去找找妖怪的藏身之地，然后等着菩萨前来收服妖怪。"于是沙和尚匆匆离开，去请观音菩萨，八戒和悟空则分头在山里寻找妖怪藏身的洞穴。

　　八戒正在山里走着，突然听到有人喊他："八戒。"回头一看，竟然是观音菩萨。八戒好奇地问道："菩萨，您怎么在这？我沙师弟呢？"观音菩萨回答道："我恰巧途经此地，你是要找你师父吗？"八戒点点头。菩萨指着一处洞穴说道："你师父被红孩儿抓走了，我已经将他救下，安置在这洞中，你进去找他吧。"八戒开心地正要进去，这时，悟空从远处跑来，喊道："八戒莫信，他是妖怪！"

　　说时迟那时快，观音菩萨突然变成一团红光不见了。

　　悟空着急地说道："你差点上了那妖怪的当，那山洞里肯定早有埋伏，此时妖怪正等着抓你。"

　　八戒懊恼地说道："可是，我看那个人就是观音菩萨呀。"

　　悟空摇摇头，说："你不能只靠眼睛分辨妖怪，还要仔细辨别他的声音，那明明是妖怪的声音。"

　　八戒百思不得其解，说道："猴哥，我知道你有顺风灵耳，可以听出妖怪的声音，但是我真的听不出来。你能教我一下吗？我怕还没找到师父，我就先被妖怪抓走了。"

　　悟空说道："每种妖怪的声音各异，发声的形式各不相同，有的妖怪还会变声模仿。你要仔细辨别，才能知道是何种声音。我当年在菩提祖师那里练就了顺风灵耳，能够对声音进行分类。"

八戒疑惑道："声音分类？"

悟空继续说道："对，声音分类就是根据声音去判断发声者是谁。为了让你能够尽快对声音分类有一个整体的理解，我还是先带你去百度 AI 开放平台瞧一瞧吧。"

说着，悟空打开笔记本电脑，在浏览器中输入了 https://ai.baidu.com/productlist。

AI 在线体验之声音分类

悟空和八戒进入百度 AI 开放平台的首页，悟空点击 语音技术 ，选择 语音识别 ，然后继续选择 语音识别 ，进入语音识别页面。

技术能力		
语音技术	**语音技术**	
图像技术		
文字识别	**语音识别** ＞	
人脸与人体识别	语音识别	语音识别极速版
视频技术	识别率高，支持中文、英语、粤语、四川话等	极速识别60秒内语音，简单易用
AR与VR		
自然语言处理	长语音识别	远场语音识别
数据智能	支持将不限时长的语音实时转换为文字	适用于智能家居、机器人等远场的语音识别
知识图谱		
场景方案	**语音合成** ＞	
部署方案	在线合成-基础音库	在线合成-精品音库
开发平台	提供标准男声女声、情感男声女声四种发音人	提供包含童声在内的五种精选发音人
行业应用方案	离线语音合成	
	在无网或弱网环境下，可在智能硬件设备终端进行...	
	语音唤醒 ＞	
	呼叫中心语音 ＞	
	实时语音识别	音频文件转写
	企业级服务，实时识别呼叫中心语音	低成本进行大批量呼叫中心音频转写

语音识别支持对普通话和略带口音的中文的识别，支持粤语、四川方言的识别，还支持英文识别。

八戒看完语音识别之后，还是有点不太理解，说道："猴哥，我大概知道语音就是我们说话的声音，但是怎么分辨呢？我还是不懂。"

悟空安慰道："声音比前面的图像和文本都要复杂，你不要急，我慢慢讲给你听。"

八戒使劲点点头。

 ## 悟空听声就能辨别妖怪

悟空见八戒神情变得如此严肃，知道他也着急找师父，于是说话语气也缓和下来。轻声问道："八戒，你先说说你是怎么根据声音分辨妖怪的？"

八戒难过地说道："我对声音不太敏感，一般是根据生活经验进行分辨。"

八戒的方法

八戒开始向悟空讲述他的生活经验。每种妖怪的声音各异，发声形式也不同，有的唱歌，有的说话，有的还身后跟着一堆小妖怪吵吵闹闹，有的妖怪所处的环境很嘈杂，有的妖怪还会变声模仿。

也就是说，八戒一般是从声音的来源、内容、发声的环境和悦耳程度这几个角度来判断是不是妖怪。但是，根据这些声音特点来辨别妖怪有时容易有时困难。例如，一个妖怪与一群妖怪发出的声音会有区别。当一群妖怪同时嚷嚷时，一般表现为嘈杂音，还需要从中分辨出主要的发声来源。如果只有一个妖怪喊叫，只需辨别这一种声音的发声来源即可。确定了发声来源后，仔细辨别这个声音的内容，有时遇到外语还需要翻译一下。

除了说话内容，还要思考一下是从哪里发出的声音。打了这么多妖怪，总结一下，妖怪的藏身处主要集中在山洞里、水底下，妖怪出没时，会飞的在天上，不会飞的一般在荒郊野外。还有一些自带背景音乐的妖怪，弹琵琶的、跳舞的、唱歌的。这类妖怪的声音一般都有旋律且悦耳动听，我就想再思考思考是哪种乐器、哪种节奏。

八戒的困惑

悟空听八戒说完，点点头，说道："你说的都有道理，可是你已经被这山里的妖怪欺骗了两次，你总结出问题所在了吗？"

八戒挠挠头，说道："猴哥，这个小妖怪太狡猾了，会模仿人的声音。真是防不胜防呀，我老猪使出绝招，竟还是没能听出这假观音的声音有啥不对。"

悟空安慰道："这些妖怪都很狡猾，会模仿别人的声音，要想练得真正的辨声本领，还需要学习如何分辨出真假声音。"

悟空继续跟八戒交流辨音的方法："八戒，其实每种声音都有自己独特的音色，模仿得再像也会与原声有所差别，我们需要仔细辨认其特征。"

根据八戒的方法，可以先将声音分为噪音、纯语音、带背景音的语音、音乐四类，然后再具体归纳出每一类声音的规律、特点。实际上，借助人工智能技术，可以从声音的不同层面分析不同音频的特点。

八戒突然想到悟空的顺风灵耳，急切地问道："猴哥，那你能不能给我演示一下你的顺风灵耳是怎么实现声音分类的？"

悟空点点头，说道："当然可以啦。"

悟空的顺风灵耳

悟空和八戒来到 EasyDL 平台。

悟空说道："妖怪一般都是从各种动物修炼成人形的，但是他们的声音还保留原本的特点。今天，我给你演示一下如何区分不同动物的声音，掌握动物声音分类技能。你再遇到妖怪时，就要仔细辨别一下是哪个动物变的。"

八戒点点头，认真看着悟空操作。

动物声音分类

第一步 创建模型

这个阶段的主要任务是选择平台类型，确定模型类型，配置模型基本信息（包括名称等），并记录希望模型实现的功能。

（1）打开 EasyDL 平台主页，网址为 https://ai.baidu.com/easydl/，如图 5-1 所示。

点击图 5-1 中的 快速开始 按钮，显示如图 5-2 所示的"快速开始"选择框。训练平台选择 经典版 ，模型类型选择 声音分类 ，点击 进入操作台 按钮，显示如图 5-3 所示的操作台页面。

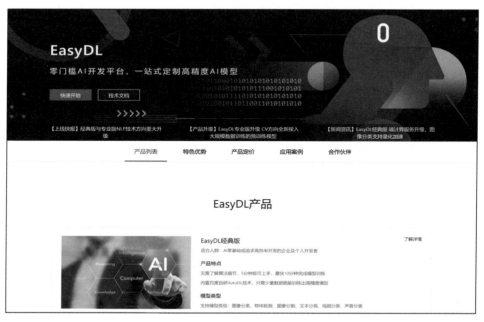

图 5-1 EasyDL 平台主页

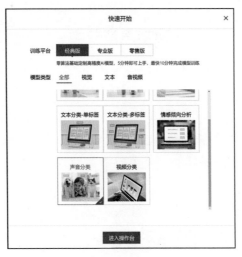

图 5-2　选择平台版本和模型类型

（2）在图 5-3 显示的操作台页面创建模型。

点击操作台页面中的 创建模型 按钮，显示的页面如图 5-4 所示，填写模型名称**动物声音分类**，模型归属选择 个人 ，填写联系方式、功能描述等信息，点击 下一步 按钮，完成模型创建。

图 5-3　操作台页面

图 5-4　创建模型

（3）模型创建成功后，可以在 我的模型 中看到刚刚创建的模型
动物声音分类，如图 5-5 所示。

图 5-5　模型列表

第二步 准备数据

这个阶段的主要任务是根据具体声音分类的任务准备相应的数据集，并把数据集上传到平台，用来训练模型。

（1）准备数据集。

首先扫描封底二维码下载压缩包，在［下册–第5章–实验1］中找到训练模型所需的声音数据。对于动物声音分类任务，我们准备了四种动物的叫声，分别为猫叫、狗叫、猪叫、牛叫。

然后，需要将准备好的声音数据按照分类存放在不同的文件夹里，文件夹名称即为声音对应的类别标签（cat、dog、pig、cow），此处要注意，声音类别名即文件夹名称，需要采用字母、数字或下划线的格式，不支持中文命名。

最后，将所有文件夹压缩，命名为 sound.zip，压缩包的结构示意图如图 5-6 所示。

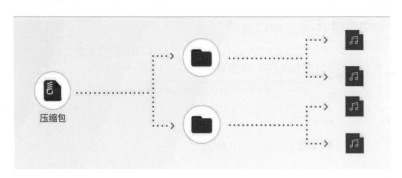

图 5-6　压缩包结构示意图

（2）上传数据集。

点击图 5-7 显示的 数据总览 中的 创建数据集 按钮，进行数据集创建。如图 5-8 所示，填写数据集名称，点击 上传压缩包 按钮，选择 sound.zip 压缩包。可以在如图 5-9 所示的页面中下载示例压缩包，查看数据格式要求。

选择好压缩包后，点击 确认并返回 按钮，成功上传数据集。

图 5-7　创建数据集

图 5-8　选择压缩包

图 5-9　上传数据集

（3）查看数据集。

　　上传成功后，可以在 数据总览 中看到数据的信息，如图 5-10 所示。数据上传后，需要一段处理时间，大约几分钟，然后就可以看到数据上传结果，如图 5-11 所示。

　　点击 查看 ，可以看到数据的详细情况，如图 5-12 所示。

图 5-10　数据集展示

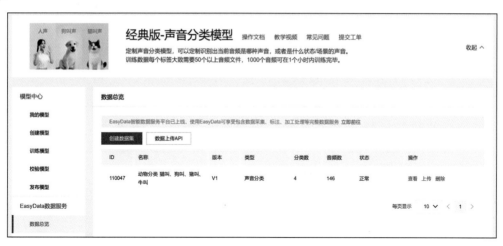

图 5-11 数据上传结果

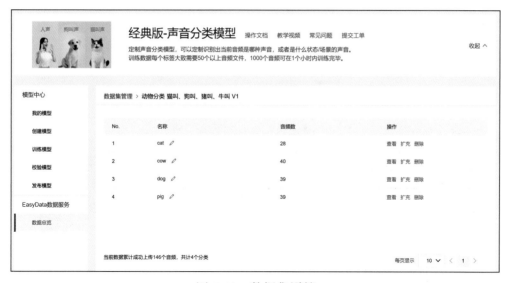

图 5-12 数据集详情

第三步 训练模型并校验结果

　　在前两步已经创建好了一个声音分类模型，并且创建了数据集。本步骤的主要任务是用上传的数据一键训练模型，并且模型训练完成后，可在线校验模型效果。

（1）训练模型。

在第二步的数据上传成功后，在 训练模型 中，选择之前创建的动物声音分类模型，添加分类数据集，开始训练模型。训练时间与数据量有关，在训练过程中，可以设置训练完成的短信提醒并离开页面，如图 5-13 ～ 图 5-16 所示。

图 5-13　添加数据集

图 5-14　选择数据集

图 5-15　训练模型

图 5-16　模型训练中

（2）查看模型效果。

模型训练完成后，在 我的模型 列表中可以看到模型效果以及详细的模型评估报告，如图 5-17 和图 5-18 所示。从模型训练的整体情况可以看出，该模型的训练效果还是比较优异的。

图 5-17　模型训练结果

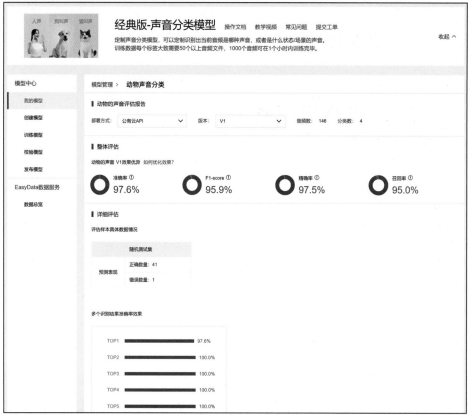

图 5-18　模型整体评估

（3）校验模型。

我们可以在 校验模型 中对模型的效果进行校验。

首先，点击 启动模型校验服务 按钮，如图 5-19 所示，大约
需要等待 5 分钟。

图 5-19　启动校验服务

然后，准备一条声音数据，点击 点击添加音频 按钮添加音
频，如图 5-20 所示。

图 5-20　添加音频

最后，使用训练好的模型对上传的音频进行预测，如图 5-21 所示，显示属于猫（cat）叫的概率是 99.99%。

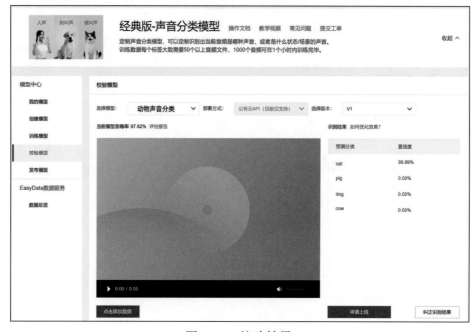

图 5-21　校验结果

就这样，悟空给八戒演示了如何使用顺风灵耳进行动物声音分类。八戒看得津津有味，说道："猴哥，这也太神奇了，你的顺风灵耳是如何练成的？"

顺风灵耳是如何练成的

声音实际上是一种波，波形上的每一个点存储在 .mp3、.wav、.m4a 等格式的音频文件中。要对声音进行分类，首先需要对声音波形分帧，也就是把一个声音波形切成一小段一小段的，每小段称为一帧，帧与帧之间是有重叠的。

人工智能针对每一帧，分别提取其声学特征，如音色、音调等，并将它们转换成计算机可以识别的数字信号，然后构建一个声音分类模型，不断对不同声音数据的声学特征进行学习、记忆和理解，让模型像人脑一样变得越来越聪明。这样，在遇到新声音的时候，基于已有的知识就能迅速地进行分类和识别了。

悟空考考你：识别警报器

八戒听完恍然大悟，说道："我懂了，猴哥。也就是说声音像图像一样传入人脑中，我们的大脑对声音进行辨别，而人工智能就是模仿人脑去分析声音的信号，对吗？"

悟空点点头，说道："你这句话说得倒是准确。不过，我还是要给你出道考题考考你。"

悟空的考题

悟空要出考题考考八戒，看看他是不是真的掌握了声音分类的技能。森林里有很多类型的警报器，如 110 警报器、120 警报器。当触发某一种警报后，就会通知相应的人员和组织，比如触发 110 警报就应该通知警察，120 警报应该通知医院。

如何能够自动分辨是何种警报声，并自动通知相应人员？

八戒听后，拍着胸脯说道："这个很简单，只要我能区分出警报的类别就可以了。"

八戒的"顺风灵耳"

八戒来到 EasyDL 平台，说道："看我老猪来分辨警报类型。"

识别警报器

第一步 创建模型

这个阶段的主要任务是选择平台类型，确定模型类型，配置模型基本信息（包括名称等），并记录希望模型实现的功能。

（1）打开 EasyDL 平台主页，网址为 https://ai.baidu.com/easydl/，如图 5-22 所示。

点击图 5-22 中的 快速开始 按钮，显示如图 5-23 所示的"快速开始"选择框。训练平台选择 经典版 ，模型类型选择 声音分类 ，点击 进入操作台 按钮，显示图 5-24 所示的操作台页面。

图 5-22　EasyDL 平台主页

图 5-23　选择平台版本和模型类型

图 5-24　操作台页面

（2）在图 5-24 所示的操作台页面创建模型。

点击操作台页面中的 创建模型 按钮，显示的页面如图 5-25 所示，填写模型名称**识别警报器**，模型归属选择 个人 ，填写联系方式、功能描述等信息，点击 下一步 按钮，完成模型创建。

图 5-25 创建模型

（3）模型创建成功后，可以在 我的模型 列表中看到刚刚创建的
模型**识别警报器**，如图 5-26 所示。

图 5-26 模型列表

第二步 **准备数据**

这个阶段的主要任务是根据具体声音分类的任务准备相应的数据集，并把数据集上传到平台，用来训练模型。

（1）准备数据集。

首先扫描封底二维码下载压缩包，在［下册 – 第 5 章 – 实验 2］中找到模型训练所需的声音数据。对于识别警报器任务，我们准备了两种类型的警报声音，分别为 110 警报和 120 警报。

然后，需要将准备好的声音数据按照分类存放在不同的文件夹里，文件夹名称即为声音对应的类别标签（110、120）。此处要注意，声音类别名即文件夹名称，需要采用字母、数字或下划线的格式，不支持中文命名。

最后，将所有文件夹压缩，命名为 jingbao.zip，压缩包的结构示意图如图 5-27 所示。

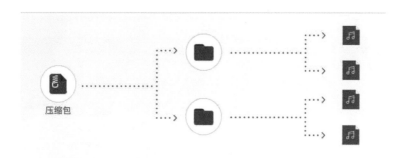

图 5-27　压缩包结构示意图

（2）上传数据集。

点击图 5-28 显示的 数据总览 中的 创建数据集 按钮，进行数据集创建。如图 5-29 所示，填写数据集名称，点击 上传压缩包 按钮，选择 jingbao.zip 压缩包。可以在如图 5-30 所示的页面中下载示例压缩包，查看数据格式要求。

选择好压缩包后，点击 确认并返回 按钮，成功上传数据集。

（3）查看数据集。

上传成功后，可以在 数据总览 中看到数据的信息，如图 5-31
所示。数据上传后，需要一段处理时间，大约为几分钟，然后
就可以看到数据上传的结果，如图 5-32 所示。

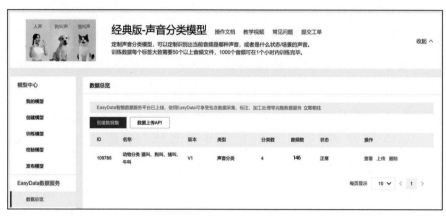

图 5-28　创建数据集

图 5-29　选择压缩包

图 5-30　上传数据集

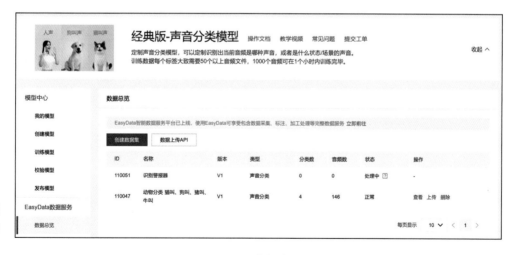

图 5-31　数据集展示

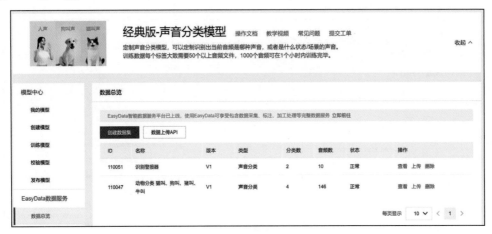

图 5-32　数据上传结果

点击 查看 ，可以看到数据的详细情况，如图 5-33 所示。

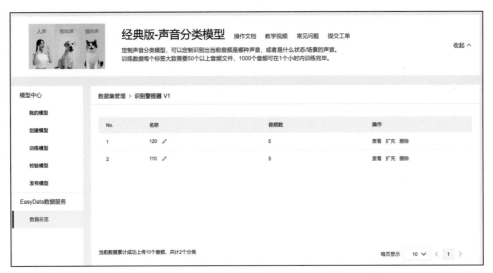

图 5-33　数据集详情

训练模型并校验结果

　　在前两步已经创建好了一个声音分类模型，并且创建了数据集。本步骤的主要任务是用上传的数据一键训练模型，并且模型训练完成后，可在线校验模型效果。

（1）训练模型。

在第二步的数据上传成功后，在 训练模型 中，选择之前创建的识别警报器模型，添加分类数据集，开始训练模型。训练时间与数据量有关，在训练过程中，可以设置训练完成的短信提醒并离开页面，如图 5-34～图 5-37 所示。

图 5-34　添加数据集

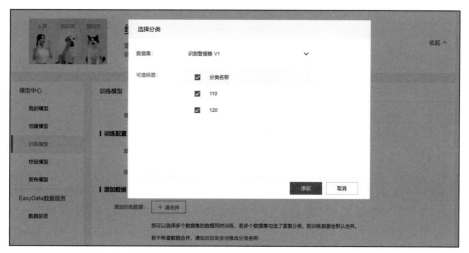

图 5-35　选择数据集

图 5-36　训练模型

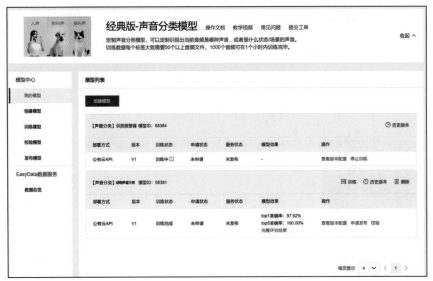

图 5-37　模型训练中

（2）查看模型效果。

模型训练完成后，在 |我的模型| 列表中可以看到模型效果，以及详细的模型评估报告，如图 5-38 和图 5-39 所示。从模型训练的整体情况来看，该模型的训练效果还是比较优异的。

图 5-38　模型训练结果

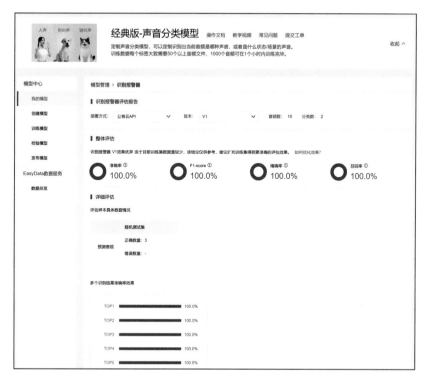

图 5-39　模型整体评估

（3）校验模型。

我们可以在 校验模型 中对模型的效果进行校验。

首先，点击 启动模型校验服务 按钮，如图 5-40 所示，大约需要等待 5 分钟。

图 5-40　启动校验服务

然后，准备一条声音数据，点击 点击添加音频 按钮添加音频，如图 5-41 所示。

图 5-41　添加音频

最后，使用训练好的模型对上传的音频进行预测，如图 5-42 所示，显示音频属于 110 警报的概率是 100%。

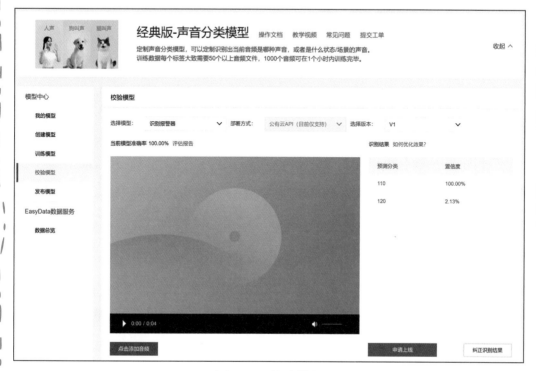

图 5-42 校验结果

这样，八戒成功识别出警报器的类型，通过了悟空的考验。

家庭作业

想一想：生活中有哪些声音分类的应用场景？

做一做：使用声音分类技术识别小猫、小狗的声音。

第6章

巧排蟠桃宴节目，智管花果山村民

师徒四人历经十四年寒暑，与各路妖魔鬼怪进行搏斗，历尽艰险终于到达西天。不料佛祖派人传话说："你们师徒四人可以取得真经，只不过还需要再经历一个考验。玉帝多次请佛祖去做天庭蟠桃宴的策划，但佛祖实在没有时间，所以派你们去天庭替佛祖完成任务，回来即可取得真经。"唐僧答应后，带着徒弟们来到天庭。

原来，玉帝提前录制好了节目，准备在蟠桃宴上播放。可是节目视频混在一起了，玉帝想对节目进行分类，把相同类型的节目放在一起播放。唐僧了解到任务后，对徒弟们说道："这件事情需要和玉帝沟通，悟空你曾经大闹蟠桃宴，不便出面，这件事就交给八戒吧，你在背后帮他。"

悟空答应下来，八戒很开心，心想又能和猴哥学技能了。

 ## 来自八戒的求助，视频中是什么节目

八戒和玉帝去沟通任务的细节，回来后垂头丧气。

悟空见他无精打采，问道："八戒，你怎么了？接到任务了吗？我们要做什么呢？"

八戒说道："玉帝给了我很多视频，是不同神仙录制的不同节目，要在蟠桃宴上播放。但是视频没有提前做好记录，王母娘娘要求按照节目类型进行播放。玉帝不知道该怎么办，把这个任务交给了我。可是，我也不知道该怎么办。"

悟空说道："这有何难，不就是视频分类嘛。"

八戒不解道："视频分类是何物？"

悟空回答道："视频分类就是基于对视频语音及图像的综合分析，对视频内容加以理解后形成分类标签。"

AI 在线体验课之视频分类

悟空和八戒进入百度 AI 开放平台（网址：https://ai.baidu.com/productlist）的首页，悟空点击 视频技术 ，选择 视频内容分析 ，继续选择 功能介绍 和 功能演示 。

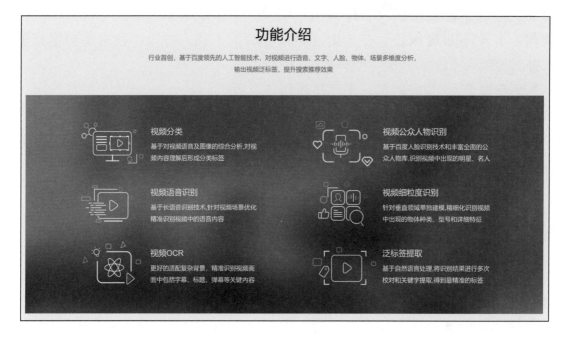

技术能力
语音技术
图像技术
文字识别
人脸与人体识别
视频技术
AR与VR
自然语言处理
数据智能
知识图谱
场景方案
部署方案
开发平台
行业应用方案

技术能力

视频技术

视频内容分析 >

视频封面选取 >

视频对比检索 >

视频内容审核 >

AR与VR

增强现实 >

功能介绍

行业首创，基于百度领先的人工智能技术，对视频进行语音、文字、人脸、物体、场景多维度分析，
输出视频泛标签，提升搜索推荐效果

视频分类
基于对视频语音及图像的综合分析，对视频内容理解后形成分类标签

视频语音识别
基于长语音识别技术，针对视频场景优化精准识别视频中的语音内容

视频OCR
更好的适配复杂背景，精准识别视频画面中包括字幕、标题、弹幕等关键内容

视频公众人物识别
基于百度人脸识别技术和丰富全面的公众人物库，识别视频中出现的明星、名人

视频细粒度识别
针对垂直领域单独建模，精细化识别视频中出现的物体种类、型号和详细特征

泛标签提取
基于自然语言处理，将识别结果进行多次校对和关键字提取，得到最精准的标签

　　如下图所示，输入一段视频，人工智能可以自动识别到场景是"科技"。还可以输出一些类别（在人工智能中叫作标签，即 TAG），例如，科技、身份

验证、金融、安全、文字识别、人脸识别等。

 # 悟空看视频就能知道节目类型

悟空见八戒看得入神，十分欣慰，说道："看你如此感兴趣，那我就将超级版火眼金睛传授于你吧！不过，你还是要先回答我一个问题。"

八戒的方法

八戒说道："猴哥，对于视频，我是真的没有什么好的办法，只能一个一个去播放视频，看完后我就知道属于哪一类了。"

悟空问道："那你说说看，怎么判断一个视频是什么类型的节目？"

八戒回答道："我就是打开视频，看看视频中有哪些人物，一般如果是仙女，那很可能就是舞蹈类节目，是武将，则大概率是赛车类节目。"

悟空摇了摇头，问道："武将不会出现在舞蹈类节目的背景里吗？同理，如果仙女只是在赛车类节目开场时出现呢？"

八戒愣住了，说道："那我可以把视频全部看完，就能知道这个节目到底属于什么类型了。不过，要把所有视频看完需要很长时间，我的眼睛都累了。"

八戒问道："一个一个地看太慢了，能不能快速识别出一段视频属于什么类型的节目呢？"

悟空说道："当然啦。快速识别视频节目类型的首要前提是要有一个好记性，不然你看完这么多视频之后都忘记了，这就是计算机的存储能力，需要存储的不仅仅是人物本身的画面信息，还要存储视频中人物周边环境的画面信息。因此，还需要有强大的计算能力。"八戒挠头："猴哥，我又糊涂了，计算能力是个啥？"悟空回答："计算能力就是你在看视频的时候，大脑需要从不同的角度去提取每一个画面的特点呀！"

悟空的超级版火眼金睛

悟空和八戒来到 EasyDL 平台，开始识别视频的类型。

实验 1

看视频识别节目类型

第一步 **创建模型**

这个阶段的主要任务是选择平台类型，确定模型类型，配置模型基本信息（包括名称等），并记录希望模型实现的功能。

（1）打开 EasyDL 平台主页，网址为 https://ai.baidu.com/easydl/，如图 6-1 所示。

点击图 6-1 中的 快速开始 按钮，显示如图 6-2 所示的"快速

开始"选择框。训练平台选择 经典版 ，模型类型选择 视频
分类 ，点击 进入操作台 按钮，显示图 6-3 所示的操作台页面。

图 6-1　EasyDL 平台主页

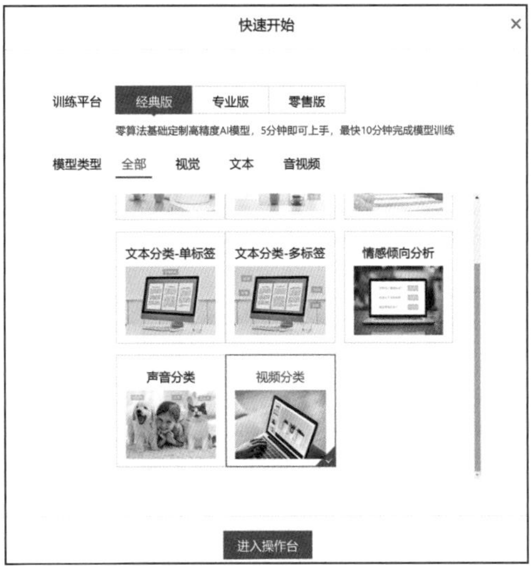

图 6-2　选择平台版本和模型类型

图 6-3　操作台页面

（2）在图 6-3 显示的操作台页面创建模型。

点击操作台页面中的 创建模型 按钮，显示如图 6-4 所示的页面，填写模型名称**看视频识别节目类型**，模型归属选择 个人 ，填写联系方式、功能描述等信息，点击 下一步 按钮，完成模型创建。

（3）模型创建成功后，可以在 我的模型 中看到刚刚创建的模型**看视频识别节目类型**，如图 6-5 所示。

第二步　准备数据

这个阶段的主要任务是根据视频分类的任务准备相应的数据集，并把数据集上传到平台，用来训练模型。

图 6-4　创建模型

图 6-5　模型列表

（1）准备数据集。

首先扫描封底二维码下载压缩包，在［下册－第6章－实验1］中找到训练模型所需的视频数据。对于视频分类任务，我们准备了两种类型的视频：跳舞、赛车。

然后，需要将准备好的视频数据按照分类存放在不同的文件夹里，文件夹名称即为视频对应的标签（dance、driving），此处要注意，视频类别名即文件夹名称，需要采用字母、数字或下划线的格式，不支持中文命名。

最后，将所有文件夹压缩，命名为jiemu_video.zip，压缩包的结构示意图如图6-6所示。

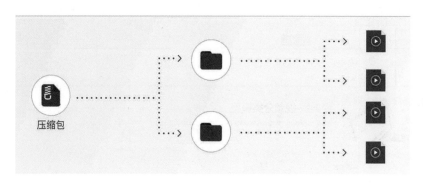

图6-6　压缩包结构示意图

（2）上传数据集。

点击图6-7所示的 数据总览 中的 创建数据集 按钮，创建数据集。如图6-8所示，填写数据集名称，点击 上传压缩包 按钮，选择jiemu_video.zip压缩包。可以在如图6-9所示的页面中下载示例压缩包，查看数据格式要求。

选择好压缩包后，点击 确认并返回 按钮，成功上传数据集。

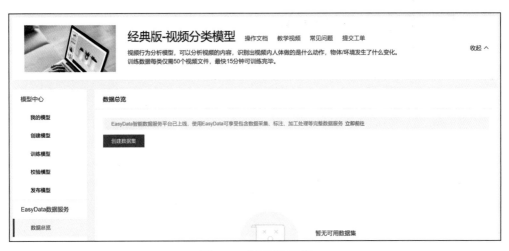

图 6-7　创建数据集

图 6-8　选择压缩包

图 6-9 上传数据集

（3）查看数据集。

　　上传成功后，可以在 数据总览 中看到数据的信息，如图 6-10
　所示。数据上传后，需要一段处理时间，大约为几分钟，然
　后就可以看到数据上传结果，如图 6-11 所示。

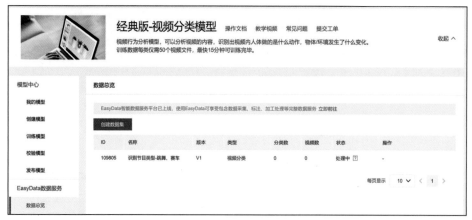

图 6-10 数据集展示

图 6-11 数据上传结果

点击 查看 ，可以看到数据的详细情况，如图 6-12 所示。

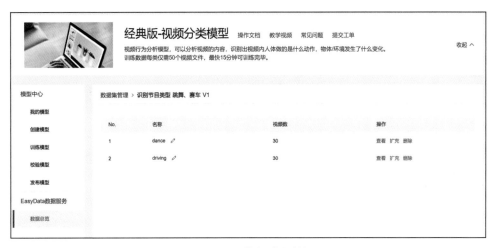

图 6-12 数据集详情

第三步 训练模型并校验结果

在前两步已经创建好了一个视频分类模型，并且创建了数据集。本步骤的主要任务是用上传的数据一键训练模型，并且模型训练完成后，可在线校验模型效果。

（1）训练模型。

在第二步的数据上传成功后，在 训练模型 中，选择之前创建的节目视频分类模型，添加分类数据集，开始训练模型。训练时间与数据量有关，在训练过程中，可以设置训练完成的短信提醒并离开页面，如图 6-13～图 6-16 所示。

图 6-13　添加数据集

图 6-14　选择数据集

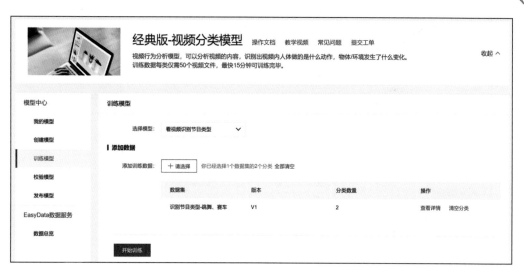

图 6-15　训练模型

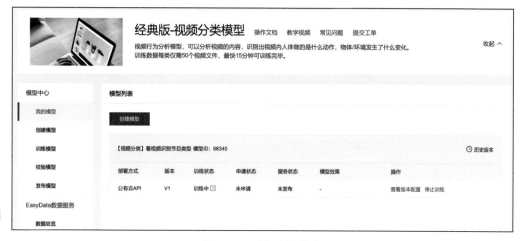

图 6-16　模型训练中

（2）查看模型效果。

模型训练完成后，在 我的模型 列表中可以看到模型效果以及详细的模型评估报告，如图 6-17 所示。从模型训练的整体情况来看，该模型的训练效果还是比较优异的，如图 6-18 所示。

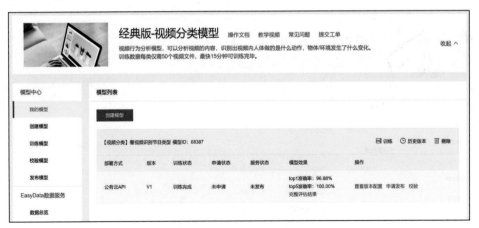

图 6-17　模型训练结果

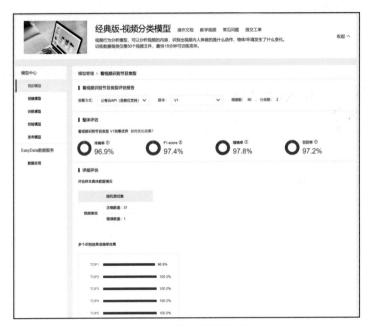

图 6-18　模型整体评估

（3）校验模型。

我们可以在 校验模型 中，对模型的分类效果进行校验。

首先，点击 启动模型校验服务 按钮，如图 6-19 所示，大约需要等待 5 分钟。

图 6-19　启动校验服务

然后，准备一条视频数据，点击 点击添加视频 按钮，如图 6-20 所示。

图 6-20　添加视频

最后，使用训练好的模型对上传的视频进行预测，如图 6-21 所示，显示该视频属于舞蹈（dance）类别。

图 6-21　校验结果

超级版火眼金睛是怎样练成的

　　八戒惊叹地说道："这简直就是超级版火眼金睛呀！猴哥，你快告诉我，你是如何练成这超级版火眼金睛的？"

　　悟空笑道："其实很简单。"

　　视频其实是按特定顺序排列的一组图像的集合。前面我们已经学习了图像的分类，而视频分类就是对一组图像进行分类。这时需要对这一组图像提取关键的特点，从而准确分析出视频的类别。

　　对于图像分类任务，人工智能模拟人脑去处理图像中的特征，基于这些提取到的特征对该图像进行分类。视频分类仅涉及一个额外步骤，就是把视频中的每幅图像都提取出来，然后按照图像分类的相同原理进行分类。

 ## 悟空考考你：识别花果山村民的动作

八戒听完恍然大悟，说道："我懂了，猴哥。"

悟空笑道："你说你懂了，我还要考考你的。"

悟空的考题

悟空跟随唐僧取经的这段时间，花果山无人看管，山下的村民经常上山捉弄小猴子们。小猴子们没办法，给悟空写了封信求助。悟空想到可以设计一个监控系统，安装在水帘洞门口，识别村民的动作，从而知道村民要干什么，以便提前做好防御。

悟空对八戒说道："那你就给我的水帘洞设计一个监控系统来识别村民的动作吧。"

八戒的超级版"火眼金睛"

八戒听完后，拍着胸脯说道："没问题，交给我来做吧。"

实验2

识别花果山村民的动作

第一步 **创建模型**

这个阶段的主要任务是选择平台类型，确定模型类型，配置模型基本信息（包括名称等），并记录希望模型实现的功能。

（1）打开 EasyDL 平台主页，网址为 https://ai.baidu.com/easydl/，

如图 6-22 所示。

点击图 6-22 中的 快速开始 按钮，显示如图 6-23 所示的"快速
开始"选择框。训练平台选择 经典版 ，模型类型选择 视频
分类 ，点击 进入操作台 按钮，显示如图 6-24 所示的操作台页面。

图 6-22　EasyDL 平台主页

图 6-23　选择平台版本和模型类型

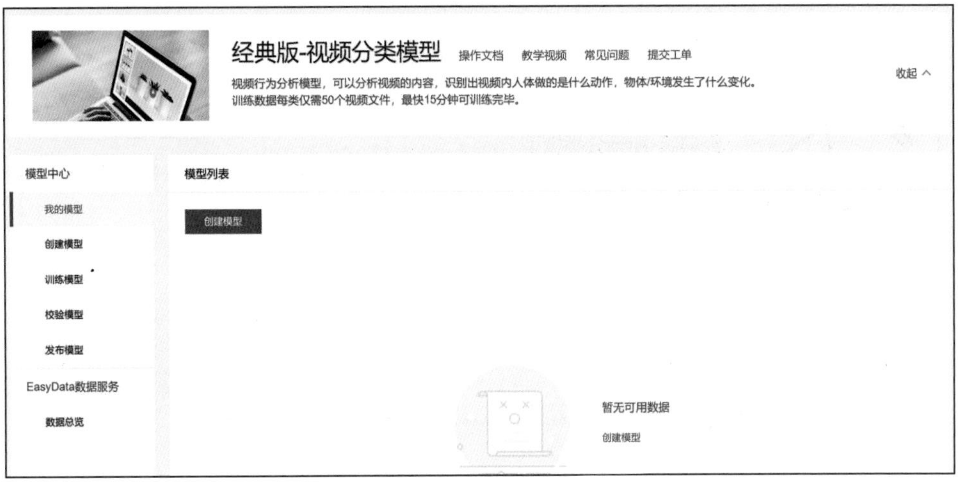

图 6-24　操作台页面

（2）在图 6-24 所示的操作台页面创建模型。

点击操作台页面中的 创建模型 按钮，显示的页面如图 6-25 所示，填写模型名称**识别花果山村民动作**，模型归属选择 个人 ，填写联系方式、功能描述等信息，点击 下一步 按钮，完成模型创建。

图 6-25　创建模型

（3）模型创建成功后，可以在 我的模型 中看到刚刚创建的模型**识别花果山村民动作**，如图 6-26 所示。

图 6-26　模型列表

准备数据

这个阶段的主要任务是根据视频分类的任务准备相应的数据集，并把数据集上传到平台，用来训练模型。

（1）准备数据集。

首先扫描封底二维码下载压缩包，在［下册－第 6 章－实验 2］中找到训练模型所需的视频数据。对于视频分类任务，我们准备了 8 种类型的动作，比如爬楼梯、拍手等。

然后，需要将准备好的视频数据按照分类存放在不同的文件夹里，文件夹名称即为视频对应的标签。此处要注意，视频类别名即文件夹名称，需要采用字母、数字或下划线的格式命名，不支持中文命名。

最后，将所有文件夹压缩，命名为 dongzuo_video.zip，压缩包的结构示意图如图 6-27 所示。

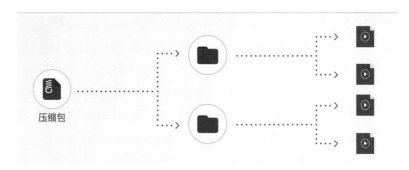

图 6-27　压缩包结构示意图

（2）上传数据集。

点击图 6-28 显示的 数据总览 中的 创建数据集 按钮，进行数据集创建。如图 6-29 所示，填写数据集名称，点击 上传压缩包 按钮，选择 dongzuo_video.zip 压缩包。可以在如图 6-30 所示的页面中下载示例压缩包，查看数据格式要求。选择好压缩包后，点击 确认并返回 按钮，成功上传数据集。

图 6-28　创建数据集

图 6-29　选择压缩包

图 6-30　上传数据集

（3）查看数据集。

上传成功后，可以在 数据总览 中看到数据的信息，如图 6-31 所示。数据上传后，需要一段处理时间，大约为几分钟，然后就可以看到数据上传结果，如图 6-32 所示。

点击 查看 ，可以看到数据的详细情况，如图 6-33 所示。

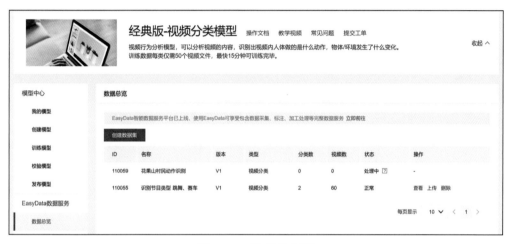

图 6-31　数据集展示

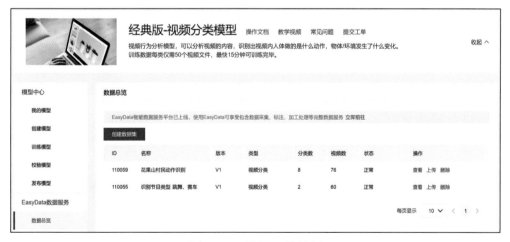

图 6-32　数据上传结果

图 6-33　数据集详情

第三步 **训练模型并校验结果**

　　在前两步已经创建好了一个视频分类模型，并且创建了数据集。本步骤的主要任务是用上传的数据一键训练模型，并且模型训练完成后，可在线校验模型效果。

（1）训练模型。

　　在第二步的数据上传成功后，在 训练模型 中，选择之前创建的节目视频分类模型，添加分类数据集，开始训练模型。训练时间与数据量有关，在训练过程中，可以设置训练完成的短信提醒并离开页面，如图 6-34 ～图 6-37 所示。

图 6-34　添加数据集

图 6-35　选择数据集

图 6-36　训练模型

图 6-37　模型训练中

（2）查看模型效果。

模型训练完成后，在 我的模型 列表中可以看到模型效果以及详细的模型评估报告，如图 6-38 和图 6-39 所示，还可以看到模型训练整体的情况说明。该模型的训练效果还是比较优异的。

图 6-38　模型训练结果

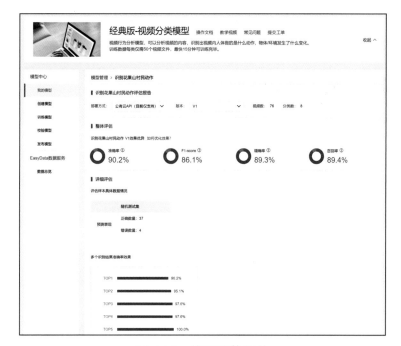

图 6-39　模型整体评估

（3）校验模型。

我们可以在 校验模型 中对模型的预测效果进行校验。

首先，点击 启动模型校验服务 按钮，如图 6-40 所示，校验服务开始启动，大约需要等待 5 分钟。

图 6-40　启动校验服务

然后，准备一条视频数据，点击 点击添加视频 按钮添加视频，如图 6-41 所示。

图 6-41　添加视频

最后，使用训练好的模型对上传的视频进行预测，如图 6-42 所示，该视频中显示的动作为运球（dribble）。

图 6-42　校验结果

八戒终于成功实现了识别花果山村民动作的监控系统，安装在花果山水帘洞洞口，花果山的小猴子们再也不怕山下村民的恶作剧了。

晨钟暮鼓佛音袅，行者潜心研 AI

　　师徒四人在天庭完成任务，又回到灵山，决定先在山脚下的人家借宿一晚。想着这一路上历经重重劫难，碰到了形形色色的妖魔鬼怪，如今终于将要取得真经，内心激动万分。

 **智能语音**

这天一早，唐僧换上了当年唐朝皇帝御赐的袈裟，师徒四人准备前往玉真观拜见如来佛祖，求取真经。

四人来到了灵山的山门迎客处，远远望去，前方如同仙境一般，遍地的奇花异草，苍松翠柏。

迎面走过来一位仙人说道："你们是不是从东土大唐而来？我等你们好久了。"原来是玉真观的金顶大仙，一阵寒暄过后，一行人启程。

八戒掏出手机，打开百度地图说道："去雷音寺。"只听见手机发出声音："前方一百米右转。"

金顶大仙满脸疑惑，八戒连忙解释道："这就是人工智能的智能语音技术。"

金顶大仙仍旧一脸疑惑："智能语音？"

八戒继续说道："对。就是让机器能够听懂人类的语言，理解语言所表达的含义，并能做出正确的反馈，甚至能够模仿人类进行互动交流的技术。"

金顶大仙："能和机器通过语音进行沟通，那真的是很便利呢！"

八戒说道："确实，比如在家里，我们可以通过语音唤醒小度音箱点播歌曲，可以通过语音控制家里的电器；开车的时候，可以用语音调节空调温度，或者用语音在百度地图上查找路线等。"

AI 在线体验课之语音查找路线

第一步，打开手机上的百度地图软件，对着手机说"小度，小度"，就可以唤醒小度，然后会听到"小度"的语音回复，比如"在呢"或着"来了"。跟"小度"说话，"小度"还会显示正在听的状态。

第二步，对着手机说出想让百度地图为你定制的导航路线，比如"我要从天安门去北大，再去百度公司"。

第三步，我们就可以看到百度地图为我们规划好的路线了，并且它会为我们进行语音导航。

AI 在线体验课之导航语音定制

我们可以利用语音生成功能制作属于自己的导航语音。

第一步，打开手机上的百度地图软件，点击左上角的头像图标，进入个人中心。

第二步，在个人中心中选择 语音包 ，点击 录制语音包 按钮，可选择录制模式。

第三步，完成录制选择，点击 下一步 ，直接开始录音。

就这样，一行人借助百度地图提供的语音导航到达了雷音寺。

 **智能绘画**

师徒四人来到雷音寺，终于见到了如来佛祖。唐僧道："佛祖，我自东土大唐而来求取真经。"佛祖曰："勿急！听闻你们自行修炼了不少人工智能法术，可否让我看看你们的水平如何啊？"

这时，八戒自告奋勇，拿出自己的看家本领："各位有没有想过存在一种AI技术，看遍上千种物体之后，开始知道很多人的皮肤是黄色的，头发是黑色的，牙齿是白色的，花是红的，草是绿的，天空是蓝的呢？"

围观的众人一脸疑惑，八戒继续道："答案是存在的，并且利用这种AI技术可以智能识别黑白图像并填充色彩。"说着，八戒拿出了一张图片。

一众围观者道："哇！右侧经过 AI 技术处理后的彩色图片确实比左侧的黑白图片更鲜活呢！"

说着，八戒就打开了百度 AI 开放平台（https://ai.baidu.com/）。

AI 在线体验课之黑白图像上色

想把自己家里的黑白照片转换成彩色照片吗？或许神奇的百度 AI 开放平台能够帮到你。百度 AI 开放平台能够使用深度学习技术，并在数秒内一键实现"黑白图像转彩色"的不可思议的效果。

首先打开百度 AI 开放平台，点击 图像技术 ，选择 黑白图像上色 ，如下图所示。

在此页面上，可以体验百度 AI 开放平台提供的黑白图像上色功能。如下

图所示，可以在下方选择一张黑白图片，方便快捷地体验黑白图像上色功能；或者可以点击 本地上传 按钮，从本地上传一张黑白图片，百度 AI 开放平台会帮助你把黑白图片转换成更鲜活生动的彩色图片。

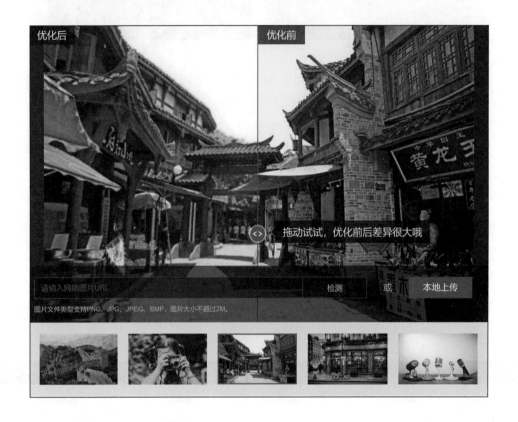

演示完黑白图像上色技术后，兴致勃勃的八戒继续说道："AI 技术除了可以帮助黑白图片进行上色外，还有很多趣味性的应用，比如可以生成二次元的动漫人像。"说着，八戒又拿出了图片。

众多围观者皆感叹："哇！真像是专业艺术家手绘的！"

八戒道："通过 AI 技术可以成功地为肖像照片创建更清晰、更准确的漫画描绘。因此，用户能够自动绘制肖像漫画，并可应用于为社交媒体创建漫画头像以及设计卡通人物等任务。"

于是，八戒再次打开了百度 AI 开放平台。

AI 在线体验课之人物动漫化

首先打开百度 AI 开放平台，点击 图像技术 ，选择 人像动漫化 ，如下图所示。

如下页图所示，可以在下方选择一张人物照片，方便、快捷地体验人物动漫化功能，或者可以点击 本地上传 按钮，从本地上传一张自己的照片。快来看看百度 AI 开放平台帮你生成的漫画形象吧。

优化后　　　　　　　　　　优化前

拖动试试，优化前后差异很大哦

请输入网络图片URL　　　　　　　　检测　或　本地上传

图片文件类型支持PNG、JPG、JPEG、BMP，图片大小不超过2M。

看完八戒的演示后，一围观者赞叹："通过 AI 技术自动进行黑白图像上色、自动创造漫画形象的服务，应该可以大大助力艺术创作。"

另一围观者发出疑问："难道 AI 也能够从事艺术创作吗？"

这时八戒略微思考了一下，道："以如今的 AI 技术发展水平来看，AI 技术想要进行独立、自主的艺术创作，还有很长的路要走。"

 ## AI 未来说

这时，莲台之上的佛祖说话了："你们师徒四人一路上可还太平？"

唐僧哽咽："这一路来路途凶险，总是遇到各种各样的妖怪，每次都惊险万分。还好我的徒弟有凭借着 AI 技术练就的火眼金睛，这才可以降妖除怪。"

佛祖说："取经路上的各种劫难都是对你们的考验，想告诉你们的是，想求取真经修成正果，是要经历一些磨难的。"

这时，一直没说话的悟空嘟囔道："佛祖，这一路上的妖怪都要吃了我师父以求长生不老，当真是愚蠢！"

佛祖肃然道："期望永葆青春、延年益寿是每个人的心愿！现如今，AI 技术已经在生物科学、人类艺术、宇宙探索等领域大显身手，现在我授予你们全套 AI 经书，尔等定要细细研习，寻求突破！"

师徒四人齐声道："多谢佛祖！"

AI 技术 + 生物科学

八戒匆忙打开经书，映入眼帘的就是"生物科学"四个大字，他激动地问道："猴哥，AI 技术在生物科学领域应用，是不是意味着我们以后可以长生不老啦？"

悟空解释道："AI 技术在生物科学的应用包括基因检测、药物研制等方面，目前只取得了一定的进步，未来还有很长的路要走……"

八戒打断道："等一下，基因检测是什么？"

悟空接着说："你知道为什么孩子会和父母长得像吗？这一切都源于一种叫作'基因'的物质。

庞大的遗传基因

"每个人都能从自己的父母身上遗传到 31.6 亿个基因密码，要掌握自己的健康状况，必须先对这些基因密码进行剖析，而基因检测就在做着这种解码工作。"

知识点

基因，也称为遗传因子，是指携带遗传信息的 DNA 序列，是控制性状的基本遗传单位。

八戒频频点头道："哦，原来基因检测能监控我的健康状况，那为什么要引入 AI 技术呢？它又是怎么应用到基因检测上的呢？"

悟空答道："基因有两个特点，一是能忠实地复制自己，以保持生物的基本特征；二是基因能够'突变'，突变绝大多数会导致疾病。当遇到一个未知的新突变时，我们可以通过 AI 技术分析基因序列信息，从而鉴别出真正引发疾病的突变基因，还可以计算出人体患癌症、心脑血管疾病、糖尿病等多种疾病的风险呢！"

八戒惊呼："这么厉害！那对于凡间新出现的新型病毒，是不是就可以使用 AI 技术进行分析了？"

悟空点头道："是啊，利用 AI 技术预测新型病毒全基因组的二级结构，相比传统方法的 55 分钟，现在只需要 27 秒！够快吧！"

新型病毒结构预测　　药物研究

八戒听得目瞪口呆，说道："原来 AI 技术在生物科学领域的应用这么广泛，真是一个值得持续研究的方向啊！"

AI 技术＋人类艺术

八戒意犹未尽，又拿起一本关于人类艺术的经书，饶有兴趣地看了起来。突然，他兴奋地喊道："猴哥，有了 AI 技术，我就可以成为一名艺术家了！"

悟空笑道："哈哈，那你来谈谈你想用 AI 来创作什么吧。"

八戒激动地说："我要作画！还要……作曲！作诗！"

　　八戒停顿了一下，问道："可这些都是需要强大的文学功底、艺术底蕴才能做到的事情，AI 是怎么理解并做到的呢？"

　　悟空解释道："还记得我们前面学习的人工智能三阶段吗？这就是认知智能需要解决的问题！它让机器能够像人一样思考，使机器能够理解数据、理解语言，进而理解现实世界！"

　　悟空接着说道："有一位著名的画家叫梵·高，他的代表作之一《星夜》，用夸张的手法生动地描绘了充满运动和变化的星空，深受众人喜爱。现在，利用 AI 技术也可以轻松画出星空风格的图片。"

　　悟空继续说道："除了对绘画风格的模仿，AI 技术还能够学习特定歌手的作词风格，模仿并创作出风格一致的歌词。"

AI 技术 + 宇宙探索

　　这时，一本关于宇宙探索的经书又吸引了八戒的眼球，八戒一脸疑惑地问："AI 技术还能助力宇宙探索吗？"

　　悟空说："是的，人类从未停止过对浩瀚宇宙和生命起源的探索。AI 技术给空间探测器装上了'大脑'，让它们独自更加精准、高效地完成太空探测任务。人类不必亲自登上外星球进行实地勘察，也使得太空探索工作变得更加安全！"

　　八戒接着问道："我一直梦想着能进行星际旅行，什么时候去趟月球能像回趟高老庄一样啊？"

悟空思考了一下，答到："只要我们坚持不懈地进行宇宙探索，一切都是可能的！也许未来的某一天，我们设计出了一款 AI 宇宙飞船，它可以判断星球的运行轨道、环境、气候、植被等，那太空遨游就不再是梦！"

悟空接着说："目前，太空机器人正在发挥着重要的作用，例如，维修机器人可以负责修理和回收卫星，探测机器人可以探测星球的气候、地质等。"

悟空鼓励八戒："等你掌握了更多的 AI 技术，就可以带你一起去探索神秘的宇宙了！"

八戒下定决心说："那我一定要仔细研习这些经书，练就一身 AI 技艺！"

家庭作业

想一想：除了本章提到的，你还了解 AI 技
术在哪些方面的应用？

做一做：体验百度智能翻译。

第8章

悟空功成添烦恼，八戒巧思解难题

悟空完成取经任务后，回到花果山过着悠闲自在的生活，偶尔去找八戒聊聊人工智能的发展，切磋切磋技艺，甚是畅快。不料有次外出后，悟空的水帘洞被翻得乱七八糟，原来花果山的猴子猴孙们羡慕悟空的一身本领，都以为水帘洞里藏着秘籍呢。尽管悟空再三告诫，仍然拦不住它们趁悟空不在家时进去翻找，弄得悟空一筹莫展，只好找八戒去诉诉苦。

悟空求助八戒，八戒乐开了花

八戒见悟空愁眉不展，便问道："猴哥，什么事情让你不高兴了？告诉我老猪，我来帮你解决！"

悟空看了胖乎乎的八戒一眼："呆子，你一身 AI 技能都是我教你的，我搞不定的事，你还能有办法？"

八戒不服气地说："猴哥，你可不能小看我，士别三日当刮目相看，我取经回来之后可是一直勤学苦练，本事增长了不少。"

悟空想了想，说说也无妨，便和八戒说起来花果山猴子猴孙不守规矩的事。八戒听完悟空的话后，哈哈大笑道："猴哥，你这次可找对人了，我刚学了一套智能门禁系统开发教程，让我来练练手！"

智能门禁系统的设计方案

八戒用百度 AI 开放平台（https://ai.baidu.com/）制定出如下设计方案。

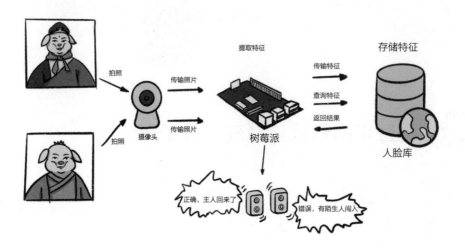

按照八戒的思路，智能门禁系统开发分为人脸录入和人脸识别两个阶段。

第一阶段，录入人脸

通过摄像头拍照，生成多张人脸图片，摄像头拍照后把照片传输到树莓派上，树莓派上的智能程序收集人脸照片，训练人脸识别模型，并且把训练好的模型和特征存储起来。

第二阶段，识别人脸

当有人需要进门时，只需要对着摄像头，摄像头会自动拍照形成人脸照片，之后把照片传输到树莓派上。树莓派上的智能程序读入人脸照片，并且调用之前训练好的模型进行判断，预测当前人脸与主人的照片匹配程度，如果匹配程度超过一定的阈值，则判断当前用户是主人，开门，否则不开门。

 **八戒的准备过程**

八戒完成了方案设计后，按照他的"行家"思维，参考做饭的流程来准备门禁系统的素材。

做饭需要锅碗瓢盆，智能门禁系统也需要相关的"硬件"。

硬件，看得见摸得着的东西。比如电脑硬件包括主板、硬盘、电源线、鼠标、键盘等。

做饭需要油盐酱醋，智能门禁系统也需要相关的"软件"。

软件，是计算机系统中的程序、数据、文档等的集合。其开发和运行对硬件有一定的依赖，计算机的运行需要软件与硬件的结合。

智能门禁系统的硬件准备

智能门禁系统由树莓派、摄像头、音响、TF 卡、读卡器以及主机、显示器、鼠标、键盘等常见的硬件组成。

树莓派，世界上最小的计算机，又称卡片式电脑或微型电脑，外形只有信用卡大小，却具有计算机的所有基本功能，英文名为 Raspberry Pi。我们可以在上面运行智能程序。在各种型号的树莓派中，我们使用的是 3B 型号的树莓派。

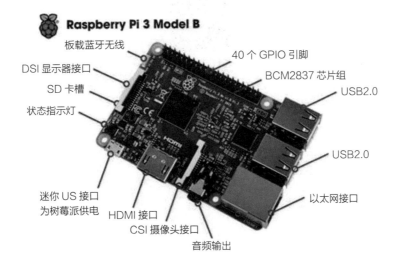

摄像头，负责拍摄人脸的照片。摄像头在生活中普遍存在，比如手机上集成了摄像头，我们可以利用它拍照和自拍；计算机上可以通过 USB 连接摄像头，我们可以利用它进行与视频相关的操作。树莓派也可以外接摄像头，利用摄像头拍摄人脸图像。若需要购买摄像头，只需搜索"树莓派 3B 摄像头"，即可找到 3B 版树莓派可以使用的摄像头。

音响。除了可以连接摄像头外，树莓派上的音频输出接口可以直接连接音响，通过音响发出声音，向外界传递信息。树莓派上的音频输出接口为标准的 3.5mm 的音频接口，普通的音响一般都可以直接插上。

TF 卡，也称为 SD 卡，可以用来存储数据，例如图片和个人数据等。树莓派是一台小型的计算机，不过里面并没有内置存储卡，就像一台计算机没有硬盘一样，我们需要另外购买一个 TF 卡，保存运行树莓派所需要的操作系统和软件，还有用户的数据文件。为了有足够的空间存储文件，建议 TF 卡的大小至少为 32GB。

读卡器。当需要在计算机上读取存储在 TF 卡中的内容时，就需要使用读卡器。比如可以使用读卡器将 TF 卡中保存的图片一一读取出来。

其他一些基础硬件，包括主机、显示器、鼠标、键盘等，用于控制树莓派。

智能门禁系统的软件准备

准备好制作智能门禁系统所需要的硬件后，接下来就可以准备软件了！

第一阶段：在树莓派上安装操作系统

下载操作系统和烧录软件，并使用烧录软件将需要的操作系统烧录到树莓派上，启动树莓派并联网。

知识点

烧录，也叫刻录，就是把想要的数据通过刻录机、刻录软件等工具刻录到光盘、烧录卡（GBA）等介质中。

步骤 1：下载树莓派所需的操作系统

下载树莓派所需要的操作系统，下载链接为 http://downloads.raspberrypi.org/raspbian_latest，下载得到 2020-02-13-raspbian-buster.zip 文件，将其解压得到一个后缀为 img 的文件，如下图所示。

步骤 2：下载烧录软件

下载并安装烧录软件 Etcher，下载链接为 https://www.balena.io/etcher/，双击安装包按照步骤一步步安装即可。

步骤 3：将操作系统烧录到 TF 卡上

首先在计算机上启动 Etcher，并插入 TF 卡，点击"SELECT IMAGE"，选择刚刚解压得到的 img 文件。

点击"SELECT DRIVE"，选择 TF 卡对应的磁盘分区，注意一定要选择 TF 卡，不要选到别的分区。

然后点击"BURN IMAGE"，Etcher 软件开始将 img 文件的内容烧录到 TF 卡中。

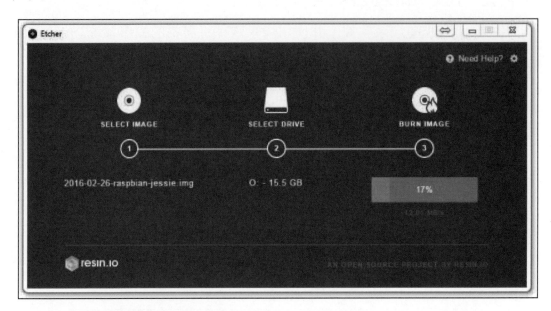

最后烧录成功，如下图所示。

经过这一步骤，就可以使用烧录软件将树莓派需要的操作系统烧录到 TF 卡上，接下来就可以使用 TF 卡来启动树莓派了！

步骤 4：启动树莓派

将 TF 卡插到树莓派的 TF 卡槽中，将显示器接到树莓派上的 micro HDMI 接口，将鼠标、键盘接入树莓派的 USB 接口，最后连接上树莓派的电源，就可以在屏幕上看到树莓派启动的界面了。

默认进入系统的用户名和密码分别是 pi 和 raspberry。

步骤 5：将树莓派进行联网

系统启动以后，用一根网线把树莓派和家里的路由器连接起来，一端插到路由器的某个 LAN 接口，另一端连接到树莓派的网口。启动一个 terminal，使用命令 ping www.baidu.com 来测试网络是否通畅，如下图所示。

第二阶段，安装 Python 和 OpenCV

启动树莓派，并将树莓派联网之后，还需要在树莓派中安装和配置编写智能门禁系统所需要的编程环境。扫描本书封底二维码下载压缩包，在［下册－第8章］中找到本章所需的相关文件。

Python，是一种计算机程序设计语言，可用于人工智能程序的开发。

OpenCV，是一个图像处理的常用库，提供了很多图像处理和分析算法，能够运行在操作系统之上。

知识点

OpenCV 同时提供了 Python 等语言的接口，实现了图像处理和计算机视觉方面的很多通用算法。

步骤1：安装 Python

（1）下载 Python 安装脚本。

在之前下载文件中找到脚本 Python_install.sh，并存储在计算机上。

（2）执行脚本，安装 Python。

在树莓派上打开一个 terminal，输入 cd /home，代表进入根目录下的 home 目录；

将下载到的 python_install.sh 脚本上传到 home 目录下；

执行 sh python_install.sh，即可完成 Python 的安装。

（3）验证 Python 是否安装成功。

在 terminal 上输入 python3 -V，查看 Python 的版本号，如下图所示。

若可以显示 Python 的版本，就表示 Python 安装成功！

步骤2：安装 OpenCV

（1）下载安装 OpenCV 依赖的库。

在之前下载的文件中找到脚本 opencvlib_install.sh，存储在计算机上；

在 terminal 上输入 cd /home，进入根目录下的 home 目录；

将计算机上下载到的 opencvlib_install.sh 脚本上传到 home 目录下；

在树莓派上执行 sh opencvlib_install.sh，即可完成 OpenCV 依赖库的安装。

（2）配置和安装各种依赖库。

输入 sudo raspi-config，显示如下图所示的配置界面，通过键盘上下按键选择第 7 项"Advanced Options"，然后按回车键，选择"A1 Expand Filesystem"。

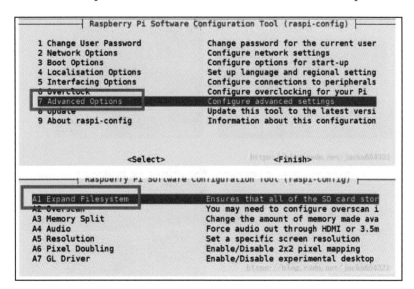

（3）安装 OpenCV。

在之前下载的文件中找到脚本 opencv_install.sh，存储在计算机中；

在树莓派中的 terminal 上输入 cd /home，进入根目录下的 home 目录；

将下载到的 opencv_install.sh 脚本上传到 home 目录下；

在 terminal 中执行 sh opencv_install.sh，即可完成 OpenCV 的安装。

八戒的实现过程

搭建好开发环境

上一节中，我们已经准备好所有需要的硬件，并且准备好了编程环境。在正式开始前，还需要测试一下程序是否能够捕捉到摄像头拍的照片。

第一阶段：将树莓派连接好摄像头，并使摄像头正常工作

首先将树莓派断电，然后将摄像头按照下图所示接入树莓派的摄像头接口中，摄像头蓝色面朝插槽方向。

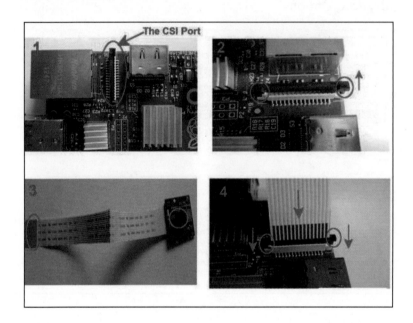

连接好摄像头后，输入命令 sudo raspi-config 并按回车键，显示下图所示界面：

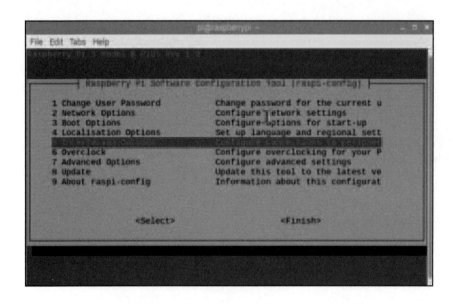

选择"5 Interfacing Options",按回车键,出现下图所示界面:

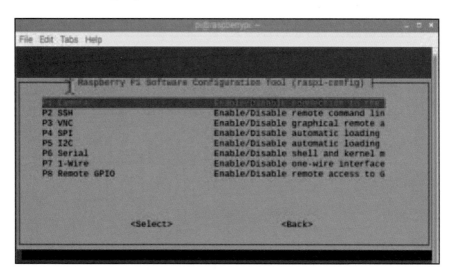

选择"P1 Camera",并按回车键,出现下图所示的对话框:

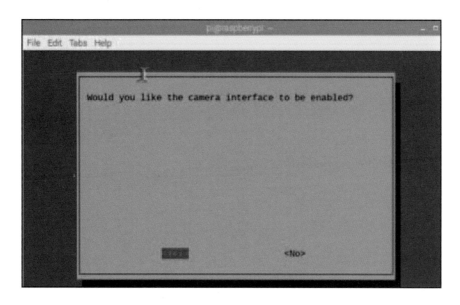

选择"Yes",并按回车键。

这样就可以开启连接在树莓派上的摄像头了!接下来我们来验证一下摄像头是否已经正常工作。

在树莓派的 terminal 中输入 raspistill -o new.jpg,树莓派的摄像头就可以拍摄一张照片，并将其命名为 new.jpg，我们可以双击查看拍摄的照片。

第二阶段：在树莓派上使用 OpenCV 调用摄像头

在第一阶段，我们已经将摄像头连接到树莓派上，并且保证树莓派可以正常工作。接下来我们来测试一下是否可以在 OpenCV 中使用摄像头，其流程如下图所示。

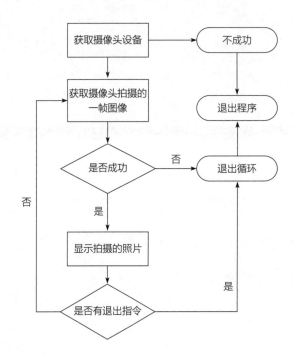

我们新建一个文件 testCam.py，代码及说明如下：

```
 1 import cv2 as cv
 2 import time
 3
 4 cap = cv.VideoCapture(0)          # 获取摄像头设备对象
 5 cap.set(3,640)                    # 设置显示窗口大小
 6 cap.set(3,480)                    # 设置显示窗口大小
 7
 8 if not cap.isOpened               # 判断系统能否顺利连接摄像头
 9     print("can not oepn camera")
10     exit()                        # 如果不能，则在打印提示信息以后退出程序
11
12 while(True):                      # 开启一个无限循环
13     ret,frame = cap.read()        # 获取摄像头拍摄的一帧图像
```

```
14    if not ret:                          # 判断拍摄是否成功
15        print("can not read correctly ret ,exiting...")
16        break                            # 如果不成功,则打印提示信息并且退出
17
18    cv.imshow('frame',frame)             # 弹出界面显示拍摄的照片
19
20    if cv.waitKey(1) == ord('q'):        # 捕捉键盘的输入
21        break                            # 按 Q 键或同时按下 Ctrl+C 键即可退出程序
22
23
24  cap.release()                          # 释放摄像头对象
25  cv.destroyAllWindows()                 # 关掉所有显示出的窗口
```

- 第 1 行和第 2 行通过 import 命令导入 opencv 和 time 库。
- 第 4 行获取摄像头设备对象,后续就可以操作摄像头了。
- 第 5 行和第 6 行设置显示窗口大小。
- 第 8 行到第 10 行通过 if 语句判断树莓派系统能否顺利连接摄像头。如果不能,则提示开发者摄像头不可用,退出程序;如果能,则继续执行下去。
- 第 12 行到第 22 行是通过 while 语句构建无限循环,因为 while(True) 这个条件一直成立,所以一直会执行下去,其中:
  - 第 13 行获取摄像头拍摄的一帧图像;
  - 第 15 行至第 17 行通过 if 语句判断拍摄是否成功,如果不成功,则提示用户拍摄照片不成功,退出程序;
  - 第 19 行弹出一个界面,显示摄像头拍摄的照片;
  - 第 21 行捕捉键盘的输入,按 Q 键或同时按下 Ctrl+C 键即可退出程序。
- 第 24 行释放摄像头对象,和第 4 行的打开操作是对应的。
- 第 25 行关掉所有显示出的窗口,呼应前面打开窗口的操作。

接下来,让我们进入动手环节!

第一步,在之前下载的文件中找到测试代码 testCam.py。

第二步,将代码文件上传到 /home 目录下。在 terminal 上输入 cd /home,进入根目录下的 home 目录,然后将下载到的 testCam.py 上传到 home 目录下。

第三步,在树莓派的 terminal 中执行 python testCam.py,运行摄像头测试代码。如果能够显示出拍摄的照片,则表示使用 OpenCV 调用摄像头成功。接下来我们就可以使用程序控制摄像头了!

测试好程序可以调用摄像头后，接下来就可以通过写程序来收集人脸的图像了。

整体流程如下图所示：对拍摄的照片进行编号，并将连续拍摄的照片按照编号存储在文件夹里，作为接下来要训练的人脸识别模型的数据集。

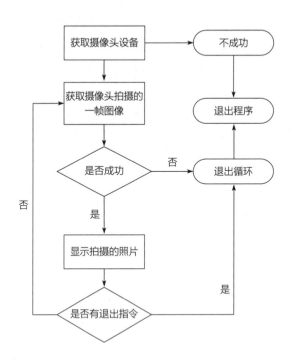

我们新建一个文件夹 dataset 来保存人脸文件，新建一个文件 face_dataset.py

并且编写以下代码。

```
1  import cv2 as cv
2  import os
3
4  cam = cv.VideoCapture(0)            # 获得摄像头设备
5  cam.set(3, 640)                     # 设置显示窗口大小
6  cam.set(4, 480)                     # 设置显示窗口大小
7  # 读入人脸识别模型文件
8  face_detector = cv.CascadeClassifier('haarcascade_frontalface_default.xml')
9  if face_detector == None:          # 模型帮助检测出图片中的人脸
10     print(" 人脸识别文件缺失，退出程序 ...")
11     exit()                          # 如果读入失败则退出
12
13 # 输出提示用户输入 ID 标志，保存到 face_id 变量中
14 face_id = input('\n 输入用户 ID，然后按回车键 ==>  ')
15
16 print("\n 正在初始化人脸捕捉，请将人脸对准摄像头 ...")
17 count = 0
18
19 while(True):                        # 开始一个循环
20     ret, img = cam.read()           # 通过摄像头拍摄一张照片
21
22     gray = cv.cvtColor(img, cv.COLOR_BGR2GRAY)
23     faces = face_detector.detectMultiScale(gray, 1.3, 5) # 从摄像头拍摄的照片中，
获取截取到的人脸范围
24
25     for (x,y,w,h) in faces:
26         cv.rectangle(img, (x,y), (x+w,y+h), (255,0,0), 2) # 把整张图片中的人脸部
分截取出来
27         count += 1
28
29         # 保存脸部图片到文件夹中
30         cv.imwrite("dataset/User." + str(face_id) + '.' + str(count) +
".jpg", gray[y:y+h,x:x+w])
31
32         cv.imshow('image', img)
33
34     k = cv.waitKey(100) & 0xff       # 按 Esc 键可以退出程序
35     if k == 27:
36         break
37     elif count >= 30:               # 每个用户最多收集 30 张照片
38         break
39
40 print("\n 正在退出程序 ...")
41 cam.release()                        # 释放摄像头对象
42 cv.destroyAllWindows()               # 删除所有的窗口
```

● 第 1 行和第 2 行通过 import 命令导入 opencv 和 time 库。

- 第 4 行获取摄像头设备对象，后续就可以操作摄像头了。
- 第 5 行和第 6 行设置显示窗口的大小。
- 第 8 行至第 11 行通过 if 语句判断读 haarcascade_frontalface_default.xml 文件是否成功，这个模型帮助检测出图片中的人脸，如果读入失败，则提示程序员文件读取有问题，退出程序；如果能读取，则继续执行下去。
- 第 14 行输出提示用户输入 ID 标志，保存到 face_id 变量中，并按回车键确认输入。
- 第 19 行到第 38 行是通过 while 语句构建无限循环，因为 while(True) 这个条件一直成立，所以一直会执行下去，其中：
  - 第 20 行开始一个循环，在循环内部多次获取用户的照片，并且保存成本地图片；
  - 第 21 行至第 32 行，从摄像头拍摄的照片中，获取截取到的人脸范围，把截取好的人脸图片保存到本地；
  - 第 34 行至第 36 行捕捉键盘的输入，按 Esc 键即可退出程序；
  - 第 37 行至第 38 行，通过 if 语句判断获取的照片数量是否大于 30，如果是，则跳出循环。
- 第 41 行释放摄像头对象，和第 4 行的打开操作是对应的。
- 第 42 行关掉所有显示出的窗口，呼应前面打开窗口的操作。

接下来我们动手实践一下吧！

第一阶段：采集人脸照片

第一步，从之前下载的文件中找到获取人脸照片的代码 face_dataset.py 和 haarcascade_frontalface_default.xml。

第二步，在 terminal 上输入 cd /home，进入根目录下的 home 目录，然后将下载到的 face_dataset.py 和 haarcascade_frontalface_default.xml 文件上传到 home 目录下。

第三步，在当前目录下新建一个 dataset 文件夹，用于存储采集的照片。

第四步，输入 python face_dataset.py，按下回车键，然后就可以在摄像头前拍照并进行保存了。

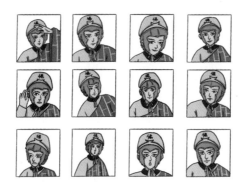

第二阶段：训练人脸识别模型

有了收集到的人脸数据集后，我们就可以构建一个模型，从不同的人脸图像中学习人脸特征，从而识别不同的人脸。

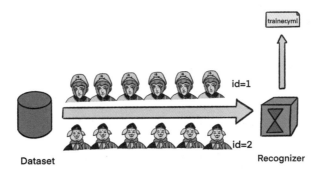

训练一个人脸识别模型的流程如下图所示。

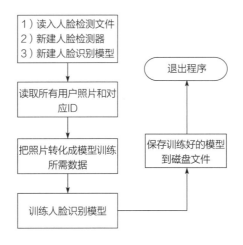

我们新建文件夹 trainer 用来保存训练好的模型，新建训练模型的代码文件 face_training.py。

```
1  import numpy as np
2  from PIL import Image
3  import os
4  import cv2
5  # 保存图片文件的文件夹路径
6  path = 'dataset'
7  # 新建一个模型训练器，将数据导入模型训练器后能够训练出人脸识别的模型
8  recognizer = cv2.face.LBPHFaceRecognizer_create()
9  detector = cv2.CascadeClassifier("haarcascade_frontalface_default.xml");# 一个
   人脸检测器，用于从一张图片中检测出人脸部分
10
11 # 从图片文件夹中读取同一个人的多张人脸文件，用人脸检测器检测出其中的人脸位置，生成训练数据和
   对应的标签
12 def getImagesAndLabels(path):
13     imagePaths = [os.path.join(path,f) for f in os.listdir(path)]  # 获取 dataset
   文件夹下面所有文件的文件路径
14     faceSamples=[]
15     ids = []
16     for imagePath in imagePaths: # 针对每个人脸文件进行编码
17         PIL_img = Image.open(imagePath).convert('L') # 把人脸图片变成灰度图
18         img_numpy = np.array(PIL_img,'uint8') # 把灰度图转化为 np 矩阵
19         id = int(os.path.split(imagePath)[-1].split(".")[1])
20         faces = detector.detectMultiScale(img_numpy) # 从图中找到脸部的位置
21          for (x,y,w,h) in faces: # 可能有多张脸，把每张脸处理成数据保存到 faceSamples
   中，把相应的 ID 保存在 ids 中
22             faceSamples.append(img_numpy[y:y+h,x:x+w])
23             ids.append(id)
24     return faceSamples,ids
25
26 print ("\n 正在训练模型，请稍等 ...")
27 faces,ids = getImagesAndLabels(path) # 调用函数获取训练数据和数据标签，保存到 faces 和 ids 中
28 recognizer.train(faces, np.array(ids))# 训练人脸识别器，这个人脸识别器能够接受新的人
   脸照片，判断和模型中存储的人脸特征匹配程度是多少，从而判断新的人脸照片中的人物身份
29
30 # 把模型保存到文件 trainer/trainer.yml 中，以便后续被加载用来识别新的人脸的身份
31 recognizer.write('trainer/trainer.yml') #
32
33 # 打印出已经训练好的人脸 ID
34 print("\n id 为 {0} 的人脸模型已经训练好，正在退出程序 ".format(len(np.unique(ids))))
```

- 第 1 行到第 4 行通过 import 命令导入 numpy、PIL、os 和 opencv 库。
- 第 6 行用 path 变量保存图片文件夹的路径。
- 第 8 行是新建一个模型训练器，将数据导入模型训练器后能够训练出人

脸识别的模型。

- 第 9 行是一个人脸检测器，用于从一个图片中检测出人脸部分。
- 第 12 行至第 24 行是一个函数，从图片文件夹中读取同一个人的多张人脸文件，用人脸检测器检测出其中的人脸位置，生成训练数据和对应的标签。
- 第 26 行打印提示信息，提示用户开始训练模型。
- 第 27 行调用前面定义的 getImageAndLabels 函数，获取训练数据和数据标签。
- 第 28 行非常关键，利用第 8 行新建的模型训练器和第 27 行获取的训练数据和数据标签，训练出人脸识别器，这个人脸识别器能够接受新的人脸照片，判断照片和模型中存储的人脸特征匹配程度是多少，从而判断新的人脸照片中的人物身份。
- 第 31 行把模型保存到文件 trainer/trainer.yml 中，以便后续被加载用来识别新的人脸的身份。

接下来让我们动手实现吧！

第一步，从之前下载的文件中找到训练人脸照片的代码 face_training.py。

第二步，在 terminal 上输入 cd /home，进入根目录下的 home 目录，然后将下载到的 face_training.py 文件上传到 home 目录下，并在 home 目录下新建一个文件夹 trainer，用于存放训练好的模型。

第三步，执行 python face_training.py，这样就可以开始训练一个人脸识别模型了，训练好的模型存放在 trainer 文件夹下。

接下来就可以将训练好的人脸识别模型用于智能门禁系统了！

测试智能门禁系统的效果

训练好模型以后，我们可以通过摄像头捕捉一个新的人脸图像，通过训练好的人脸识别器，将会返回其预测的人脸 ID，并展示识别器对于这个结论有多大的信心，其流程如下图所示。

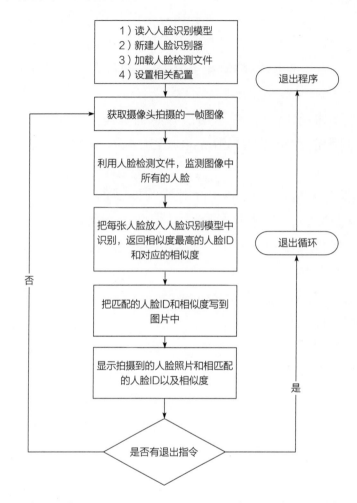

我们新建识别器文件 face_recognition.py，并且写入以下代码。

```
 1 import numpy as np
 2 import os
 3 import cv2
 4
 5 recognizer = cv2.face.LBPHFaceRecognizer_create() # 新建一个人脸识别器
 6 recognizer.read('trainer/trainer.yml') # 加载前一小节训练好并且保存到文件 trainer/
trainer.xml 的人脸识别模型
 7 cascadePath = "haarcascade_frontalface_default.xml"
 8 faceCascade = cv2.CascadeClassifier(cascadePath); # 加载人脸检测文件
 9
10 font = cv2.FONT_HERSHEY_SIMPLEX
11 id = 0
```

```
12  # 人名和 ID 的对应关系，例如 Sun Wukong 对应的 id 为 1。人名在列表中的位置，代表了这个人的 ID
13  names = ['None', 'Sun Wukong', 'Zhu bajie']
14
15  # 初始化摄像头实时捕捉
16  cam = cv2.VideoCapture(0)
17  cam.set(3, 640)                           # 设置大小
18  cam.set(4, 480)                           # 设置大小
19
20  # 设置可被识别为人脸的最小窗口范围
21  minW = 0.1*cam.get(3)
22  minH = 0.1*cam.get(4)
23
24  while True:
25      ret, img =cam.read()                  # 读入此刻摄像头拍摄的照片
26      gray = cv2.cvtColor(img,cv2.COLOR_BGR2GRAY) # 转成灰色，这样可以去除照片的颜色，
减少数据量
27
28      faces = faceCascade.detectMultiScale(
29          gray,
30          scaleFactor = 1.2,
31          minNeighbors = 5,
32          minSize = (int(minW), int(minH)),
33          )                                  # 利用人脸检测，检测出照片中所有的人脸
34
35      for(x,y,w,h) in faces:                 # 对每一张人脸进行识别
36          cv2.rectangle(img, (x,y), (x+w,y+h), (0,255,0), 2)
37          id, confidence = recognizer.predict(gray[y:y+h,x:x+w])# 人脸识别器识别当
前人脸和训练好的模型中哪个人的相似度最高，返回这个人的 ID 和相似度
38
39          # 如果相似度小于 100，则打印出相似度
40          if (confidence < 100):
41              id = names[id]
42              confidence = "  {0}%".format(round(100 - confidence))
43          else:                              # 否则为未识别出
44              id = "unknown"
45              confidence = "  {0}%".format(round(100 - confidence))
46
47          cv2.putText(img, str(id), (x+5,y-5), font, 1, (255,255,255), 2) # 把人
脸 ID 实时打印在显示出的图像中
48          cv2.putText(img, str(confidence), (x+5,y+h-5), font, 1, (255,255,0),
1)                                             # 把相似度实时打印在显示出的图像中
49
50      cv2.imshow('camera',img)               # 把图像显示出来
51
52      k = cv2.waitKey(10) & 0xff             # 按下 Esc 键则退出程序
53      if k == 27:
54          break
55
56  cam.release()                              # 释放摄像头对象
57  cv2.destroyAllWindows()                    # 清除所有显示出的图像
```

- 第 1 行到第 3 行通过 import 命令导入 numpy、os 和 opencv 库。
- 第 5 行新建一个人脸识别器。
- 第 6 行加载前一小节训练好并且保存到文件 trainer/trainer.xml 的人脸识别模型。
- 第 7 行和第 8 行加载人脸检测文件，这个文件可以在摄像头捕捉的新的人脸照片中，找到人脸部分的范围。
- 第 13 行用一个列表来保存人名和 ID 之间的关系，人名在列表中的位置，代表了这个人的 ID。
- 第 15 行至第 18 行初始化摄像头，实时捕捉出现在摄像头中的新的人物面孔。
- 第 24 行至第 54 行通过 while 语句构建一个无限循环，直到用户在控制台按 Esc 键后，程序在第 54 行退出循环，程序结束，其中：
  - 第 25 行读入此刻摄像头拍摄的照片；
  - 第 26 行转成灰色，这样可去除照片的颜色，减少数据量；
  - 第 28 行至第 33 行利用人脸检测，检测出照片中所有的人脸；
  - 第 37 行利用人脸识别器识别人脸和已有模型中的哪个人脸最为匹配，输出人脸 ID 和采信程度；
  - 第 39 行至第 48 行会在图像中用方框标记出对应的人脸和人名。

接下来让我们动手实现吧！

第一步，从之前下载的文件中找到识别人脸的代码 face_recognition.py。

第二步，在 terminal 上输入 cd /home，进入根目录下的 home 目录，然后将下载到的 face_recognition.py 文件上传到 home 目录下。

第三步，执行 python face_recognition.py，这样就可以开始进行人脸识别了。

至此，我们已经能够实时地捕捉所有摄像头中出现的人物，一旦发现水帘洞主人的面孔出现，模型立刻能够识别。下一步要做的，就是给连接在树莓派上的门禁和音响发送信号。

如果是正确的人，音响报出语音"主人回来了"。

如果是陌生的人，音响会报出语音"有陌生人闯入"。

八戒的进阶版本

八戒在帮悟空完成花果山的智能门禁系统后，想起来百度 AI 开放平台的神奇功能，不一会儿就琢磨出一个进阶的版本，一起来看看吧。

第一阶段：开通百度智能服务并且获取 KEY

第一步，通过 https://ai.baidu.com/tech/face/detect 链接进入百度 AI 开放平台人脸检测与属性分析页面，点击下页图中的 立即使用 按钮，首先需要开通百度智能云账号。

第二步，创建账号并登录后，进入下图所示页面，点击 创建应用 按钮。

概览					
重要通知：即日起，人脸识别的API接口全面升级到V3版本，并开放测试。V3版本增加了人脸库管理功能，支持截片URL上传，并进行录多用例的提升，欢迎大家使用。V2版本的接口将特续提供服务，无需担心停务稳定性和时隙额度清零的问题。					查看详情 不再显示
应用	用量				请选择时间段 2020-07-22 - 2020-07-22 图
	API	请求量	调用失败	失败率	详细统计
已建应用：1个	人脸检测	0	0	0%	查看
管理应用	在线活体检测	0	0	0%	查看
创建应用	h5语音验证码	0	0	0%	查看
	h5活体视频分析	0	0	0%	查看

第三步，如下图所示，按照说明填写信息，创建应用。

创建新应用

* 应用名称：	请输入应用名称

* 应用类型： 游戏娱乐 ⌄

* 接口选择： 勾选以下接口，使此应用可以请求已勾选的接口服务，注意人脸识别服务已默认勾选并不可取消。

完成企业认证，即可获得公安验证接口、身份证与名字对接口、H5视频活体接口的权限，并获赠免费调用量。立即认证

☐ 人脸识别　　**基础服务**
　　　　　　　　☑ 人脸检测　　　☑ 人脸对比　　　☑ 人脸搜索
　　　　　　　　☑ 人脸库管理　　☑ 人脸搜索-M:N识别
　　　　　　　　活体检测
　　　　　　　　☑ 在线活体检测　☑ h5语音验证码　☑ h5活体视频分析
　　　　　　　　人像特效
　　　　　　　　☑ 人脸融合　　　☑ 人脸属性编辑

第四步，在创建完应用后，平台将会分配此应用的相关凭证，如下图所示，主要为 AppID、API Key 和 Secret Key。

第二阶段：获取接入百度服务的"令牌"Access Token

在此阶段需要使用第一阶段创建应用所分配到的 AppID、API Key 及 Secret Key 进行 Access Token（用户身份验证和授权的凭证）的生成。此部分通过调用百度提供的 API 来获取，具体代码如下：

```
1 def get_access():
2     host = 'https://aip.baidubce.com/oauth/2.0/token?grant_type=client_
credentials&client_id=hZK0EsVZekVHh0DN6hmSonIA&client_secret=s5oyvRc68QWske8rjFk2eTr
zEu6swsrf'
3     response = requests.get(host)
4     if response:
5         res_dict = response.json()
6         if('access_token' in res_dict.keys()):
7             return res_dict['access_token']
8         return ''
```

- 第 1 行定义函数 get_access，该函数负责获取 Access Token。
- 第 2 行根据 API Key 及 Secret Key 构造一个 URL，用于访问百度 AI 服务。
- 第 3 行使用 HTTP GET 方法向百度 API 服务地址发送请求，服务器会根据 URL 中的 API Key 及 Secret Key 生成一个 Access Token。

● 第 4 行至第 8 行获取服务器返回的 Access Token。

第三阶段：使用百度人脸检测服务，检测图片中的人脸并标记出位置信息

利用获取的 Access Token 就可以接入百度的人脸检测服务了。

从前面创建的 dataset 文件夹中，选取用户 1 的两张照片和用户 2 的一张照片，利用百度人脸检测服务进行检测，就可以检测出照片中的人脸位置，并且生成每张图片的唯一标识 face_token。

```
1  def image_2_base64(image_path):            # 将本地图片编码为 base64 格式
2      try:
3          with open(image_path, 'rb') as f:  # 打开图片，生成文件句柄
4              image = f.read()               # 读取图片文件二进制内容
5              image_base64 = str(base64.b64encode(image))# 把图片内容编码成 base64 格式
6              return image_base64            # 返回 base64 格式的图片内容
7      except Exception as e:
8              return ""
9
10 def facedetect(image_base64):
11     # 服务 API
12 request_url = https://aip.baidubce.com/rest/2.0/face/v3/detect
13
14     # 提交请求的参数
15 params = "{\"image\":\"" + image_base64 + "\",\"image_type\":\"BASE64\",\"face_
field\":\"faceshape,facetype\"}"
16
17 # 获取 Access Token
18 access_token = get_access()
19
20 # 组合请求参数
21 request_url = request_url + "?access_token=" + access_token
22
23 # 设置 HTTP 请求头
24 headers = {'content-type': 'application/json'}
25     # 提交请求
26     response = requests.post(request_url, data=params, headers=headers)
27     if response:
28         print (response.json())      # 获取返回的结果
29
30 def face_detect():
31     # 用户的三张照片
32     image_1_1 = r"user1_1.jpg"       # 用户 1 的第一张照片
33     image_1_2 = r"user1_2.jpg"       # 用户 1 的第二张照片
34     image_2 = r"user2.jpg"           # 用户 2 的第一张照片
35
36     # 对三张照片进行 base64 编码
```

```
37      image_base64_1_1 = image_2_base64(image_1_1)
38      image_base64_1_2 = image_2_base64(image_1_2)
39      image_base64_2 = image_2_base64(image_2)
40
41      # 调用函数，检测照片中的人脸
42      facedetect(image_base64_1_1)
43      facedetect(image_base64_1_2)
44      facedetect(image_base64_2)
45
46  def main():
47      face_detect()
48
49  if __name__ == "__main__":
50      main()
```

- 第 1 行至第 8 行定义函数 image_2_base64，这个函数负责将图片转换成 base64 编码。

  ■ 第 2 行至第 6 行，通过 if 语句判断获取的照片数量是否大于 30，如果是，则跳出循环。读入一张图片，读取图片的二进制内容，并将图片编码成 base64 格式，并返回。

  ■ 第 7 行至第 8 行，如果发生异常，则返回为空。

- 第 10 行定义一个函数 facedetect，负责对输入的 base64 编码的图片进行检测。

  ■ 第 12 行定义要请求的服务 API。

  ■ 第 15 行提交请求的参数。

  ■ 第 18 行获取一个 Access Token。

  ■ 第 21 行根据第 12 行至第 18 行的服务 API、请求参数、Access Token，组合成一个 HTTP 请求的 URL。

  ■ 第 24 行设置 HTTP 请求的头部。

  ■ 第 26 行发送一个 HTTP POST 请求。

  ■ 第 27 行和第 28 行，获取 HTTP 请求的结果。

- 第 30 行，定义一个方法 face_detect，接收用户照片，用于人脸检测。

  ■ 第 32 行至第 34 行，加载三张照片。

  ■ 第 31 行至第 39 行，对三张照片分别进行 base64 编码。

  ■ 第 42 行至第 44 行，调用 facedetect 方法，对三张照片分别进行人脸检测。

运行结果如下图所示：

```
PS C:\Users\zhonliu\Desktop\AITech\Exp\facerecoinrap-master\BaiduFaceRecoProject> python .\FaceDetect.py
{u'log_id': 7535259484796L, u'timestamp': 1587484394, u'cached': 0, u'result': {u'face_list': [{u'angle': {u'yaw': 14.66
, u'roll': -28.77, u'pitch': 15.4}, u'face_shape': {u'type': u'oval', u'probability': 0.58}, u'location': {u'width': 99,
u'top': 125.7, u'height': 102, u'rotation': -20, u'left': 45.75}, u'face_type': {u'type': u'human', u'probability': 0.8
8}, u'face_token': u'418a720fa6b8f2cf3c7e1136e730e049', u'face_probability': 1}], u'face_num': 1}, u'error_code': 0, u'e
rror_msg': u'SUCCESS'}
{u'log_id': 584358499101L, u'timestamp': 1587484395, u'cached': 0, u'result': {u'face_list': [{u'angle': {u'yaw': 18.42,
u'roll': -7.42, u'pitch': 3.56}, u'face_shape': {u'type': u'oval', u'probability': 0.41}, u'location': {u'width': 159,
u'top': 158.39, u'height': 169, u'rotation': -3, u'left': 120.33}, u'face_type': {u'type': u'human', u'probability': 0.9
9}, u'face_token': u'0a76791ca51da66122a55206d58407da', u'face_probability': 1}], u'face_num': 1}, u'error_code': 0, u'e
rror_msg': u'SUCCESS'}
{u'log_id': 2018489159935L, u'timestamp': 1587484395, u'cached': 0, u'result': {u'face_list': [{u'angle': {u'yaw': -32.9
7, u'roll': 1.13, u'pitch': -0.5}, u'face_shape': {u'type': u'round', u'probability': 0.47}, u'location': {u'width': 141
, u'top': 138.7, u'height': 130, u'rotation': 3, u'left': 204.06}, u'face_type': {u'type': u'human', u'probability': 1},
u'face_token': u'1dd4ef2cb3f15d46227710c022c2079c', u'face_probability': 1}], u'face_num': 1}, u'error_code': 0, u'erro
r_msg': u'SUCCESS'}
```

通过运行结果可以看出，从三张照片中都检测出了人脸，并且每张人脸有自己的唯一编号 face_token，接下来的步骤中，将会使用 face_token 来获取人脸信息。注意 face_token 是和照片一一对应的，并非和某个人对应，同一个人的不同照片也可能有不同的 face_token。

第四阶段：使用百度人脸库管理服务，向人脸库中添加人脸

从前面创建的 dataset 文件夹中，选取用户 1 的第一张照片和用户 2 的照片添加到人脸库中。

```
1  def one_face_regist(face_toke,userid):
2      # 获取 Access Token
3      access_token = get_access()
4      if(access_token == ''):
5          return
6      # 服务 API 地址
7      request_url = "https://aip.baidubce.com/rest/2.0/face/v3/faceset/user/add"
8
9      # 调用服务的参数
10     params =
11     "{\"image\":\""+face_toke+"\", \"image_type\":\"FACE_TOKEN\",\"group_
id\":\"group_aiface\",\"user_id\":\"" + userid+"\",\"user_info\":\"user_info of
me\",\"quality_control\":\"LOW\",\"liveness_control\":\"NORMAL\"}"
12     # 组合请求参数
13     request_url = request_url + "?access_token=" + access_token
14     # 设置 HTTP 请求头
15     headers = {'content-type': 'application/json'}
16     # 调用服务
17     response = requests.post(request_url, data=params, headers=headers)
18     # 打印返回的结果
19     if response:
20         print (response.json())
```

```
21
22 def face_regist():
23
24     # 第一个用户和第二个用户照片的 face_token
25     token_1 = "418a720fa6b8f2cf3c7e1136e730e049"
26     token_2 = "1dd4ef2cb3f15d46227710c022c2079c"
27     # 向人脸库中注册用户 1 和用户 2
28     one_face_regist(token_1,"user_1_id") # 注册用户 1
29     one_face_regist(token_2,"user_2_id") # 注册用户 2
30
31 def main():
32     face_regist()
33
34 if __name__ == "__main__":
35     main()
```

- 第 2 行至第 5 行获取 Access Token。
- 第 7 行定义人脸管理库注册 API。
- 第 10 行和第 11 行定义请求参数，包括 FACE_TOKEN 和 userid 等。
- 第 13 行根据第 7 行的 API 和第 10 行的请求参数，拼装成 HTTP 请求的 URL。
- 第 15 行设置 HTTP 请求的头部。
- 第 17 行发送一个 HTTP 请求，调用管理库注册人脸照片。
- 第 19 行和第 20 行，打印请求返回的结果。
- 第 22 行，定义一个人脸照片注册方法 face_regist。
- 第 25 行和第 26 行，设置两张照片的 face_token。
- 第 28 行和第 29 行，向人脸库中添加两张人脸。

提交添加请求以后，返回的结果如下图所示：

PS C:\Users\zhonliu\Desktop\AITech\Exp\facerecoinrap-master\BaiduFaceRecoProject> python .\FaceRegist.py
{u'log_id': 2515793545995L, u'timestamp': 1587486086, u'cached': 0, u'result': {u'location': {u'width': 99, u'top': 125.7, u'height': 102, u'rotation': -20, u'left': 45.75}, u'face_token': u'418a720fa6b8f2cf3c7e1136e730e049'}, u'error_code': 0, u'error_msg': u'SUCCESS'}
{u'log_id': 8955353589999L, u'timestamp': 1587486086, u'cached': 0, u'result': {u'location': {u'width': 141, u'top': 138.7, u'height': 130, u'rotation': 3, u'left': 204.06}, u'face_token': u'1dd4ef2cb3f15d46227710c022c2079c'}, u'error_code': 0, u'error_msg': u'SUCCESS'}

第五阶段：使用百度人脸搜索服务，从人脸库中找到与当前人脸最相似的人脸

当建立好人脸库以后，使用百度人脸搜索服务，在人脸库中搜索与用户 1 的

第二张照片最相似的图片，让人脸搜索服务帮助我们识别这张照片的主人是谁。

```
1  def face_search():
2      # 服务 API 地址
3      request_url = "https://aip.baidubce.com/rest/2.0/face/v3/search"
4      # 需要判断的照片的 face_token
5      new_face_pic_token = "0a76791ca51da66122a55206d58407da"
6
7      # 调用服务的参数
8      params = "{\"image\":\"" + new_face_pic_token + "\",\"image_type\":\"FACE_
   TOKEN\",\"group_id_list\":\"group_aiface\",\"quality_control\":\"LOW\",\"liveness_
   control\":\"NORMAL\"}"
9      # 获取 Access Token
10     access_token = get_access()
11     # 组合请求参数
12     request_url = request_url + "?access_token=" + access_token
13     # 设置 HTTP 请求头
14     headers = {'content-type': 'application/json'}
15     # 调用服务
16     response = requests.post(request_url, data=params, headers=headers)
17     if response:
18         print (response.json())# 打印返回的结果
19
20  def main():
21      face_search()
22
23  if __name__ == "__main__":
24      main()
```

- 第 1 行定义一个人脸搜索方法 face_search。
- 第 3 行定义人脸搜索服务的 API 接口。
- 第 5 行定义需要搜索的人脸照片的 face_token。
- 第 8 行定义调用人脸搜索服务所需要的参数，包括图片 FACE_TOKEN 等。
- 第 10 行获取一个 access_token。
- 第 12 行根据 API 接口和 access_token 组装成 HTTP 请求 URL。
- 第 14 行设置 HTTP 请求的头部。
- 第 16 行至第 18 行，发送人脸搜索服务的 HTTP 请求，并打印响应结果。

我们使用用户 1 的第二张照片的 face_token 提交人脸搜索服务，返回的结果如下图所示：

```
PS C:\Users\zhonliu\Desktop\AITech\Exp\facerecoinrap-master\BaiduFaceRecoProject> python .\FaceSearch.py
{u'log_id': 7579759905893L, u'timestamp': 1587486400, u'cached': 0, u'result': {u'user_list': [{u'user_info': u'user_inf
o of me', u'group_id': u'group_aiface', u'user_id': u'user_1_id', u'score': 95.242790222168}], u'face_token': u'0a76791c
a51da66122a55206d58407da'}, u'error_code': 0, u'error_msg': u'SUCCESS'}
```

返回结果表明了这张照片的 user_id 为 user_1_id，置信度为 95.242 790 222 168，这个值非常高，几乎可以肯定这张照片显示的就是用户 1 的人脸。

至此，我们完成了使用百度智能服务 API 来完成人脸识别的功能，对比我们自己本地训练的人脸识别模型，百度的人脸识别 API 调用起来简单，准确率更高，速度更快，这是百度智能云端大量算力的结果。

家庭作业

想一想：智能门禁能用到生活中的哪些地方？

做一做：按照书中描述的方法和步骤完成实践。

附 录

家 庭 作 业 参 考 答 案

第1章

· 想一想：未来机器人会不会统治地球？

各种扫地机器人，机器人管家，和各种服务性质的机器人也越来越多，甚至很多电影里的机器人已经开始朝着独立意识的智能化发展。这就开始让许多同学担心，机器人在未来会成为人类的替代品，从而统治地球吗？

当然不会！人工智能并非无所不能！

人类是富有情感的生物群体，经过千万年的进化，用群体智慧创造了璀璨的文明，机器人也包括其中。控制机器人的实质上是一段段复杂的程序，机器人所具备的思考能力也是人类设计好的，在这一方面机器人不会超越人类。

· 想一想：人工智能会不会让人类失业？

当然不会！相反，人工智能带来了新工作：AI训练师，就像宝可梦训练师那样，收服、训练、照顾宝可梦。

第2章

· 想一想：生活中有哪些图像分类的应用场景？

图像分类在生活中有着非常广泛的应用，为我们的生活提供很多便捷和帮助。细心的同学会发现，现在大部分停车场和小区的出入口都能够自动识别车牌号码，减少了车辆进出排队滞留的时间，方便了大家的出行。车牌号码的自动识别过程就用到了图像分类技术。

在参观植物园时，我们可以看到茂密的灌木、参天的大树、缤纷的花朵，还包含了很多日常生活中难以见到的稀有品种。好奇的同学当然想知道这些植物叫什么名字。在游览动物园时，各式各样的小动物十分讨人喜欢，但是同学们很难区分清楚老虎园中威风的老虎们哪只是华南虎，哪只是东北虎呢？企鹅馆中一群可爱的企鹅中，哪只是帝企鹅，哪只是王企鹅呢？

图像分类这时就可以发挥作用，帮助同学们解决上面遇到的种种问题了。首先，我们可以用相机拍摄那些不认识的植物的照片和那些看着十分相似的老虎和企鹅的照片，然后，人工智能通过图像分类就可以告诉我们答案。

·做一做：使用图像分类完成人物分类

实验过程：

第一步 创建模型

（1）点击主页的 快速开始 按钮，显示如附图 1 所示的"快速开始"选择框，选择 EasyDL 版本为 经典版 ，任务类型为 图像分类 ，点击 进入操作台 按钮。

附图 1 选择任务类型

（2）如附图 2 所示，在 创建模型 中，填写模型名称、联系方式、功能描述等信息，即可创建模型。

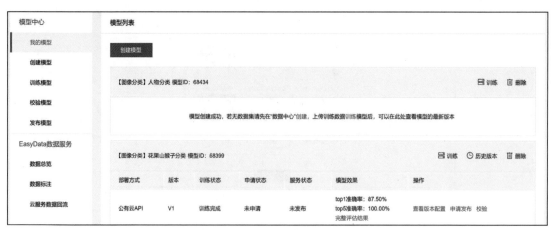

附图2　完善模型信息

（3）模型创建成功后，可以在　我的模型　列表中看到刚刚创建的模型**人物分类**，如附图3所示。

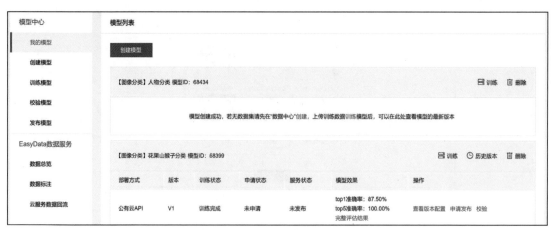

附图3　模型列表

上传并标注数据

对于人物分类的任务，这个阶段的主要任务是按照分类（如 mother、father、son）上传图片即可。

（1）我们准备了三种类别（mother、father、son）的人物图片，图片类型均为 .jpg。之后，需要将准备好的人物图片按照分类存放在不同的文件夹里，同时将所有文件夹压缩为 .zip 格式，压缩包示意图如附图 4 所示。

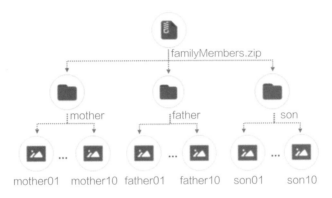

附图 4　压缩包结构示意图

（2）创建"家庭成员数据集"。点击 数据总览 中的 创建数据集 按钮，显示的页面如附图 5 所示，创建人物分类数据集，并上传 familyMembers.zip 压缩包。

附图 5　创建数据集

（3）上传成功后，就可以看到数据的信息了，共有3个类别（mother、father、son），每个类别有10张图片，如附图6所示。

附图6　数据集展示

第三步　**训练模型并校验结果**

在前两步已经创建好了一个图像分类模型，并创建了数据集，本步骤的主要任务是用上传的数据一键训练模型，并且模型训练完成后，可在线校验模型效果。

（1）训练模型。如附图7所示，在第二步的数据上传成功后，在 训练模型 中选择之前创建的人物分类模型，添加家庭成员数据集，开始训练模型。训练时间与数据量有关，在训练过程中，可以设置训练完成的短信提醒并离开页面。

附图7　模型训练

（2）查看模型效果。模型训练完成后，在 我的模型 列表中可以看到模型效果以及详细的模型评估报告，如附图8所示，可以看到模型训练整体的情况说明，该模型训练效果还是比较优异的。

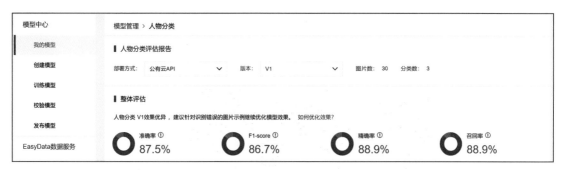

附图8　模型整体评估

（3）校验模型。在 校验模型 中，对模型的效果进行校验。如附图9所示，我们上传了三张要预测的家庭成员照片，使用训练好的模型进行预测。训练结果如附图9～附图11所示。

附图9中显示图片真实类别为father，预测为father的置信度为77.24%，预测正确。

附图9　father图片预测

附图 10 中显示图片真实类别为 mother，预测为 mother 的置信度为 98.47%，预测正确。

附图 11 中显示图片真实类别为 son，预测为 son 的置信度为 98.68%，预测正确。

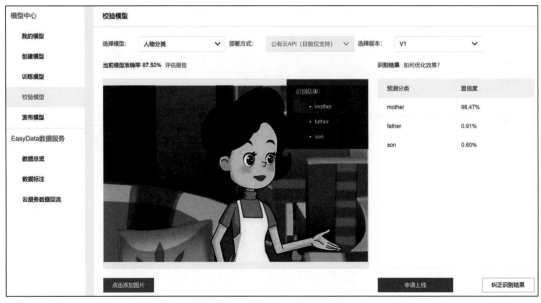

附图 10　mother 图片预测

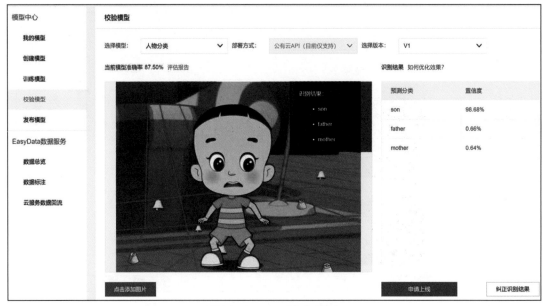

附图 11　son 图片预测

第3章

·想一想：生活中有哪些物体检测的应用场景？

物体检测能从图像中把人、动物、汽车、飞机等目标物体检测出来，甚至还能将物体的轮廓描绘出来，是人工智能的一项重要应用。

例如，在小区或者商场中都安装有摄像头，可以检测是否有违规物体、不法行为出现。在工业质检中，可以检测图片里微小瑕疵的数量和位置。在医疗领域，物体检测还可以用于医疗诊断、医疗细胞计数、中草药识别等。

·做一做：使用物体检测完成螺丝、螺母的识别。

第一步 **创建模型**

（1）点击主页的 快速开始 按钮，显示如附图12所示的"快速开始"选择框，选择 EasyDL 版本为 经典版 ，任务类型为 物体检测 ，点击 进入操作台 按钮。

附图12　选择任务类型

（2）如附图13所示，在 $\boxed{\text{创建模型}}$ 中，填写模型名称、联系方式、功能描述等信息，即可创建模型。

附图13　完善模型信息

（3）模型创建成功后，可以在 $\boxed{\text{我的模型}}$ 中看到刚刚创建的模型"螺丝螺母识别"，如附图14所示。

附图14　模型列表

第二步　上传并标注数据

这个阶段的主要任务是准备数据集，上传并标注。对于螺丝、螺母检测任务，我们准备了螺丝和螺母在不同场景下的数据，如附图 15 所示。

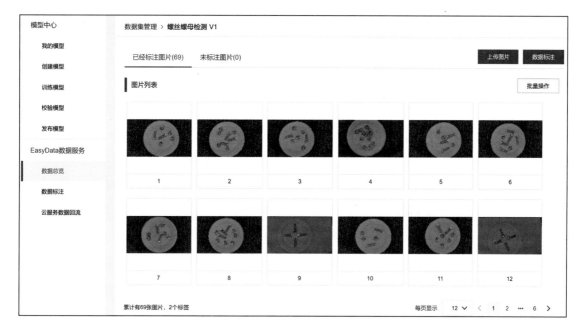

附图 15　数据集

训练模型并校验结果

在前两步已经创建好了一个物体检测模型，并创建了数据集。本步骤的主要任务是用上传的数据一键训练模型，并且模型训练完成后，可在线校验模型效果。

（1）训练模型。如附图 16 所示，在第二步的数据上传成功后，在 训练模型 中选择之前创建的物体检测模型，添加数据集，开始训练模型。训练时间与数据量有关，在训练过程中，可以设置训练完成的短信提醒并离开页面。

（2）查看模型效果。模型训练完成后，在 我的模型 列表中可以看到模型效果以及详细的模型评估报告，如附图 17 所示，还可以看到模型训练整体的情况说明，该模型训练效果还是比较优异的。

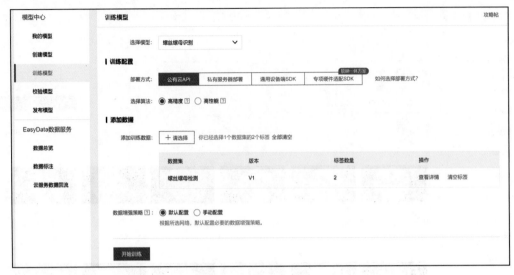

附图 16　模型训练

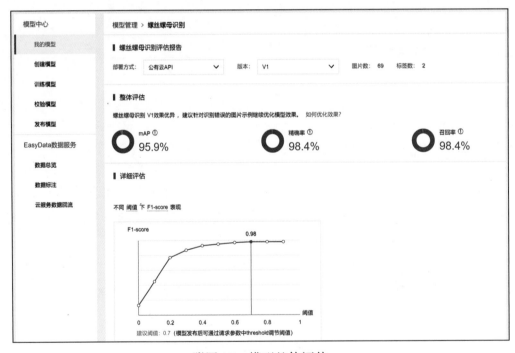

附图 17　模型整体评估

（3）校验模型。在 校验模型 中，对模型的预测效果进行校验。如附图 18 所示，我们点击 点击添加图片 按钮上传一张要预测的图片，使用训练好的模型进行预测。预测结果如附图 19 所示。

附图 18　上传图片

附图 19　预测结果

第4章

·想一想：生活中有哪些文本分类的应用场景？

文本分类是一种自然语言处理技术，在现实生活中有着非常多的应用，例如新闻分类、对话情绪分类、评论分类等。

当我们打开手机看新闻的时候，可以看到各种类别的新闻，包括科技、美食、经济等，这就是通过文本分类技术实现的。

·做一做：利用文本分类技术判断说话人的情绪。

第一步 创建模型

（1）点击主页的 快速开始 按钮，显示如附图20所示的"快速开始"选择框，选择 EasyDL 版本为 经典版 ，任务类型为 文本分类–单标签 ，点击 进入操作台 按钮。

附图20 选择任务类型

（2）如附图21所示，在 创建模型 中，填写模型名称、联系方式、功能描述等信息，即可创建模型。

附图 21　完善模型信息

（3）模型创建成功后，可以在 我的模型 列表中看到刚刚创建的模型**情绪分类**，如附图 22 所示。

附图 22　模型列表

第二步　上传并标注数据

这个阶段的主要任务是按照分类上传文本数据。

（1）对于情绪分类任务，我们准备了两种情绪的文本数据，包括正向情绪和负向情绪。之后，需要将准备好的文本数据按照分类存放在不同的文件夹里，同时将所有文件夹压缩为 .zip 格式，压缩包结构示意图如附图 23 所示。

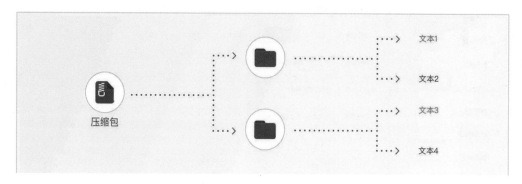

附图 23　压缩包结构示意图

（2）创建情绪分类数据集。点击 我的数据集 中的 创建数据集 按钮，打开的页面如附图 24 所示，创建**情绪分类**数据集，并上传压缩包。

附图 24　创建数据集

（3）上传成功后，就可以看到数据的信息了，共 2 个类别（0、1），以及每一类数据的数量，如附图 25 所示。

附图 25　数据集展示

第三步 **训练模型并校验结果**

在前两步已经创建好了一个文本分类模型，并创建了数据集，本步骤的主要任务是用上传的数据一键训练模型，并且模型训练完成后，可在线校验模型效果。

（1）训练模型。如附图 26 所示，在第二步的数据上传成功后，在 训练模型 中选择之前创建的情绪分类模型，添加数据集，开始训练模型。训练时间与数据量有关，在训练过程中，可以设置训练完成的短信提醒并离开页面。

模型中心	训练模型				攻略帖
我的模型					
创建模型	选择模型：	情绪分类 ∨			
训练模型	**添加数据**				
校验模型	添加训练数据：	＋ 请选择　你已经选择1个数据集的2个分类 全部清空			
发布模型		数据集	版本	分类数量	操作
EasyData数据服务		情绪分类	V1	2	查看详情　清空分类
数据总览					
公开数据集	开始训练				
数据标注					

附图 26　模型训练

251

（2）查看模型效果。模型训练完成后，在 [我的模型] 列表中可以看到模型效果以及详细的模型评估报告。如附图 27 所示，还可以看到模型训练的整体情况说明，该模型的训练效果还是比较优异的。

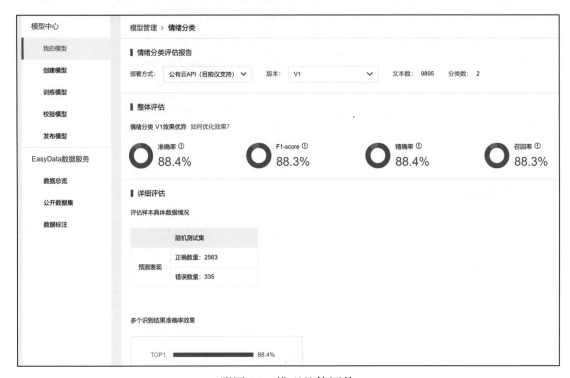

附图 27　模型整体评估

（3）校验模型。在 [校验模型] 中，对模型的效果进行校验。如附图 28 所示，我们上传了一条文本数据，预测结果是正向情绪。

第 5 章

·想一想：生活中有哪些声音分类的应用场景？

音频分类在我们的生活中同样有着非常广泛的应用，为我们的生活提供了很多便捷和帮助，比如音乐分类、发声体分类、语音场景分类、环境声音分类等。

附图 28　预测结果

在听到一首歌时，我们可以很轻易地辨别出是吉他弹奏的还是钢琴曲。以音乐为中心，利用音乐的节奏、音符、乐器和旋律等特性，可以对乐器、声乐作品等进行音乐分类。

在复杂的自然环境中，我们同样可以辨别出汽车发动机声、雨声、鸟叫声的区别，利用的是声音的特点。

在语音场景分类中，结合语音识别等处理技术，我们可以区分出电台节目、电话交谈、会议等不同的语音场景。

·**做一做：使用声音分类技术识别小猫、小狗的声音。**

第一步　**创建模型**

（1）点击主页的 快速开始 按钮，显示如附图 29 所示的"快速开始"选择框，选择 EasyDL 版本为 经典版 ，任务类型为 声音分类 ，点击 进入操作台 按钮。

快速开始
训练平台
经典版
专业版
零售版
零算法基础定制高精度AI模型，5分钟即可上手，最快10分钟完成模型训练
模型类型
全部
视觉
文本
音视频
文本分类-单标签
文本分类-多标签
情感倾向分析
声音分类
视频分类
进入操作台

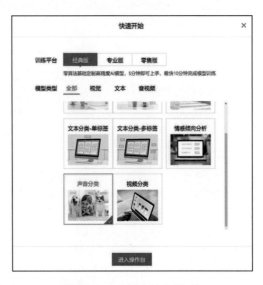

附图 29　选择任务类型

（2）如附图 30 所示，在 创建模型 中，填写模型名称、联系方式、功能描述等信息，即可创建模型。

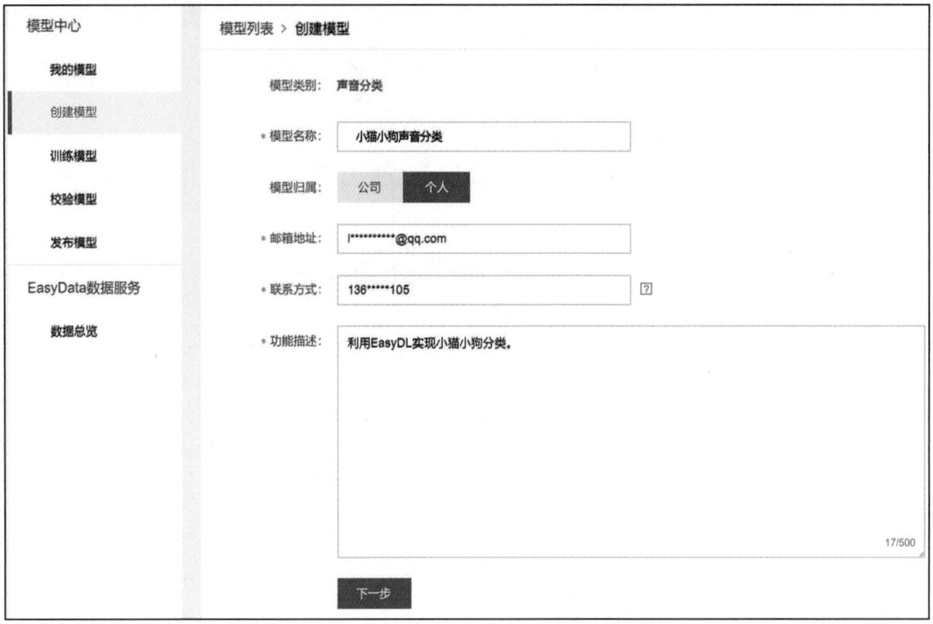
模型中心
我的模型
创建模型
训练模型
校验模型
发布模型
EasyData数据服务
数据总览
模型列表 > 创建模型
模型类别：
声音分类
* 模型名称：
小猫小狗声音分类
模型归属：
公司
个人
* 邮箱地址：
l**********@qq.com
* 联系方式：
136*****105
* 功能描述：
利用EasyDL实现小猫小狗分类。
17/500
下一步

附图 30　完善模型信息

（3）模型创建成功后，可以在 我的模型 列表中看到刚刚创建的模型"小猫小狗声音分类"，如附图 31 所示。

附图 31　模型列表

第二步　上传并标注数据

这个阶段的主要任务是按照分类上传声音数据。

（1）对于声音分类任务，我们准备了两种声音数据，包括小猫的声音和小狗的声音。之后，需要将准备好的声音数据按照分类存放在不同的文件夹里，同时将所有文件夹压缩为 .zip 格式，压缩包结构示意图如附图 32 所示。

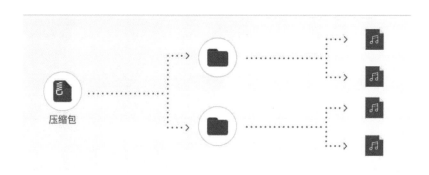

附图 32　压缩包结构示意图

（2）创建情绪分类数据集。点击 数据总览 中的 创建数据集 按钮，如附图 33 所示，创建小猫小狗声音分类数据集，并上传压缩包。

附图 33　创建数据集

（3）上传成功后，就可以看到数据的信息了，共 2 个类别（cat、dog），还显示了每一类数据的数量，如附图 34 所示。

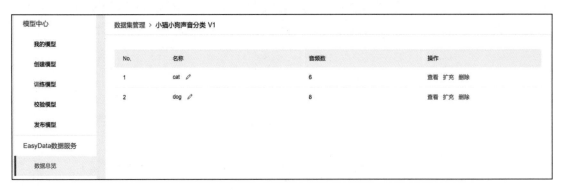

附图 34　数据集展示

第三步　训练模型并校验结果

在前两步已经创建好了一个声音分类模型，并创建了数据集。本步骤的主要任务是用上传的数据一键训练模型，并且模型训练完成后，可在线校验模型效果。

（1）训练模型。如附图 35 所示，在第二步的数据上传成功后，在 训练模型 中选择之前创建的声音分类模型，添加数据集，开始训练模型。训练时间与数据量有关，在训练过程中，可以设置训练完成的短信提醒并离开页面。

附图 35 模型训练

（2）查看模型效果。模型训练完成后，在 我的模型 列表中可以看到模型效果以及详细的模型评估报告。如附图 36 所示，可以看到模型训练的整体情况说明。该模型的训练效果还是比较优异的。

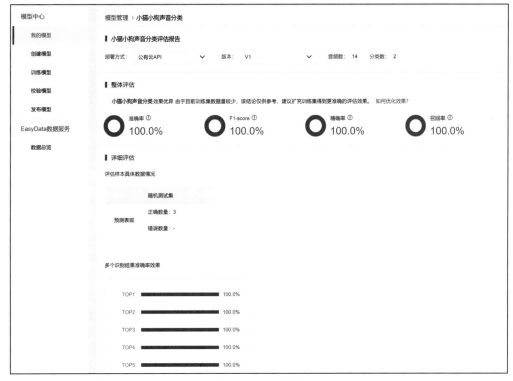

附图 36 模型整体评估

（3）校验模型。在 校验模型 中，对模型的效果进行校验。如附图 37 所示，我们上传了一条声音数据，预测结果是狗（dog）。

附图 37　预测结果

·想一想：生活中有哪些视频分类的应用场景？

视频分类与我们息息相关，在生活中随处可见视频分类的应用。在一些社区、超市、仓储等场所的视频监控系统，可以用于夜间防盗报警、人员分类、盗窃行为检测等，传统的视频监控界面可以显示十几个不同的画面，很难通过人力快速辨别。

在家庭视频监控中结合视频分类，可以按成员、声音对视频进行区分，比如识别出含有婴儿啼哭的视频画面。

机场、海关等公共场所的视频监控，通过视频分类和分析，可用于自动追踪、人流量统计等。

·做一做：使用视频分类技术识别人物的动作。

第一步　**创建模型**

（1）点击主页的 快速开始 按钮，显示如附图 38 所示的"快速开始"选择框，选择 EasyDL 版本为 经典版 ，任务类型为 视频分类 ，点击 进入操作台 按钮。

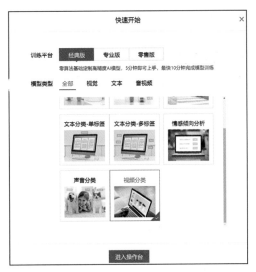

附图 38 　选择任务类型

（2）如附图 39 所示，在 创建模型 中，填写模型名称、联系方式、功能描述等信息，即可创建模型。

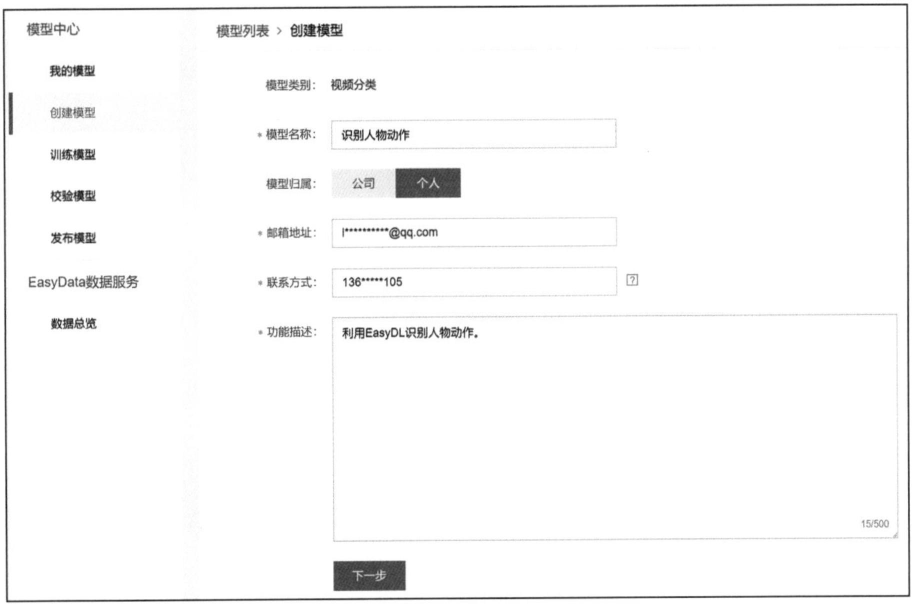

附图 39 　完善模型信息

（3）模型创建成功后，可以在 我的模型 中看到刚刚创建的模型**识别人物动作**，如附图40所示。

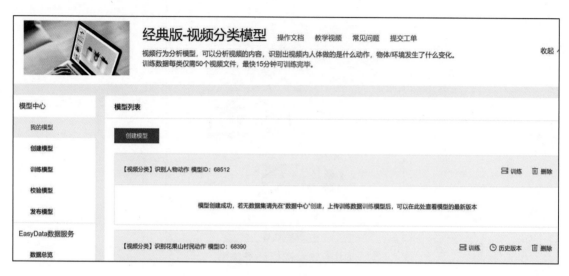

附图40　模型列表

第二步 **上传并标注数据**

这个阶段的主要任务是按照分类上传视频数据。

（1）对于人物动作分类任务，我们准备了两种动作的视频数据，包括运球和拍手。之后，需要将准备好的视频数据按照分类存放在不同的文件夹里，同时将所有文件夹压缩为 .zip 格式，压缩包结构示意图如附图41所示。

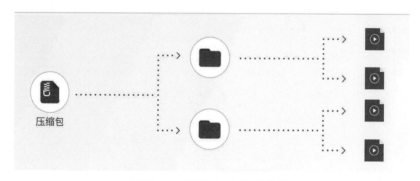

附图41　压缩包结构示意图

（2）创建情绪分类数据集。点击 数据总览 中的 创建数据集 按钮，如附图 42 所示，创建**识别动作**数据集，并上传压缩包。

附图 42　创建数据集

（3）上传成功后，就可以看到数据的信息了，共 2 个类别（clap、dribble），以及每一类数据的数量，如附图 43 所示。

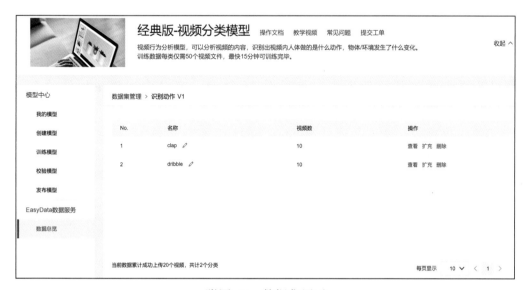

附图 43　数据集展示

第三步 训练模型并校验结果

在前两步已经创建好了一个视频分类模型，并创建了数据集，本步骤的主要任务是用上传的数据一键训练模型，并且模型训练完成后，可在线校验模型效果。

（1）训练模型。如附图44所示，在第二步的数据上传成功后，在 训练模型 中选择之前创建的视频分类模型，添加数据集，开始训练模型。训练时间与数据量有关，在训练过程中，可以设置训练完成的短信提醒并离开页面。

附图44 模型训练

（2）查看模型效果。模型训练完成后，在 我的模型 列表中可以看到模型效果以及详细的模型评估报告。如附图45所示，可以看到模型训练的整体情况说明。

（3）校验模型。在 校验模型 中，对模型的效果进行校验。如附图46所示，我们上传了一条视频数据，预测结果是运球（dribble）。

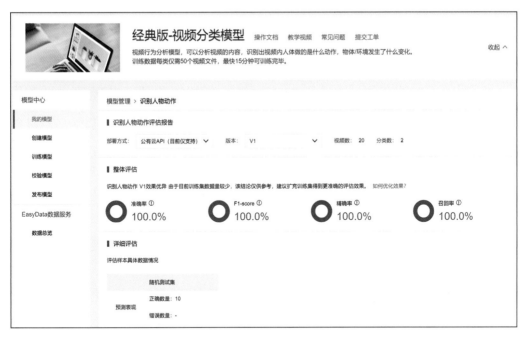

附图 45　模型整体评估

附图 46　预测结果

第7章

·想一想：除了本章提到的，你还了解 AI 技术在哪些方面的应用？

AI+教育：在教育领域，人工智能可以实现智能测评，减轻教师批改作业的压力，实现既规模化又个性化的作业反馈。如英语口语自动评测、手写文字识别、作文自动评阅等技术，都已在教育行业广泛应用。

AI+工业：在工业领域，人工智能可收集设备运行的各项数据（如温度、转速、能耗、生产力状况等）进行深度分析，对生产线进行节能优化，提前检测出设备运行是否异常，同时还可提供降低能耗的措施。

AI+金融：在金融领域，人工智能可实现金融智能客服，极大地缓解了人工客服的压力，给客户提供更加高效、准确、专业的客服体验。基于自然语言理解、问答等 AI 技术，智能客服机器人可以理解客户的口语化问题，并针对客户提出的问题进行及时、准确的答案搜索，通过自然语言的方式进行回复。

·做一做：体验百度智能翻译。

机器翻译，是利用机器将一种自然语言（源语言）转换为另一种自然语言（目标语言）的过程。在我们日常生活中，翻译的场景无处不在：有语音实时翻译的同声传译；有文本实时翻译的中英翻译；有拍照取词翻译。在这些场景中，人们一直在追求如何让机器翻译的结果更加准确。这就是机器翻译的最终目标。

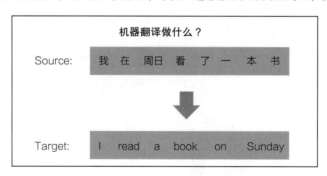

机器翻译技术自产生以来，经过了不同方法的迭代。而随着人工智能的快速发展，为机器翻译带来了变革性的改变。百度公司也提供了机器翻译开放平台，包括通用翻译、垂直领域翻译、定制化翻译和语种识别，这些功能可以在百度翻译上直接使用。除此之外，百度还提供了语音翻译和拍照翻译的功能。

　　这些人工智能技术为我们的生活带来了极大的便利。下面我们从百度翻译这个产品中一起来体验一下机器翻译技术的奇妙和便捷吧。

　　第一步，在手机上打开百度翻译应用，如下图所示。

第二步，点击取词功能，体验实时翻译。将应用上的取词框对准要翻译的文本，就可以自动翻译啦。

第三步，点击拍照功能，体验图片翻译。对着要翻译的文档进行拍照，就可以对图片上的内容自动进行翻译了。

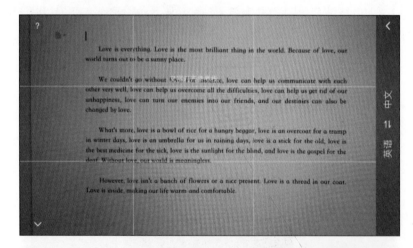

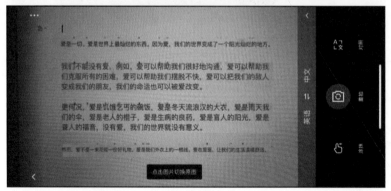

第四步，点击对话功能，可以实现语音翻译。点击 说中文 按钮，说出"我是李雷"，将会自动翻译为英文"This is Li Lei"；点击 Speak English 按钮，说出"Welcome to voice translation"，将会自动翻译为中文"欢迎使用语音翻译"，如下图所示。

第8章

·想一想：智能门禁能用到生活中的哪些地方？

智能门禁在生活中的应用数不胜数，如公司门禁系统、高铁进站闸机、电子身份认证等，都采用了智能门禁的原理。

其中，公司门禁系统通过识别出入人员的人脸信息，将其与公司人员库中的人脸进行比对，若识别为本公司人员，即开门准许入内；否则，发出报警信号。高铁进站闸机通过识别待进站乘客的人脸信息，将其与所有购票人的实名认证信息进行比对，若识别为已购票人员，则开门准许入内；否则，发出报警信号。

此外，除了这些现实世界的门禁，还有电子身份认证，它通过人脸识别确认身份，打开的是虚拟身份的门。比如微信、支付宝中的人脸支付功能，通过识别申请付款人的人脸信息，与该付款人的实名认证信息进行比对，若确认为本人，则打开虚拟身份的门，授权支付；否则，发出报警信号。

·做一做：按照书中描述的方法和步骤完成实践。

　　扫描封底二维码，在［下册－第 8 章代码（本地＋百度 AI）］下载参照代码，按照课程大纲思路，结合百度网盘代码，即可完成实践。